全图解

幸运绳编手链

卢莎希亚　著

河南科学技术出版社
·郑州·

序

看着别人手上漂亮的手链，你心中是否十分羡慕？看到不错的手链，是否希望能改成别的颜色或是加一点花样？想为心爱的人做份专属的联结物吗？

亲自编制的手链不仅是装点在手上的美丽饰品，也可以是具有特殊意义的许愿手链。我们把佩戴的手链称为"幸运手链"，不只是期望它能招来幸运，更是因为它充满了对生活的期待和希望，是属于我们自己最棒的手链。

书中收录了五股平编、四组结、卷结等基础的手链编织方法，如果加入各式变化，还能创造出新的款式。书中特别选用了在一般文具店、手工店即可买到的工具和材料，让读者不必大老远地跑到专营店购买。

为了让读者可以轻松上手，我们没有用平面编织图或者绘图教学，而是依实际制作步骤用图片详细地呈现在书里，即使是从未接触过手链的新手，也可以清楚了解如何编织手链。除此之外，书中附上手链作品图，让你第一眼就找到中意的手链。在本书的后面，我们收集了手链编织经常碰到的问题，并一一为读者解答。

希望读者不只是运用书中的花样，我们更期盼读者可以发挥自己的创意，将三十种手链进行变化或融合，做出自己专属的手链，或作为礼物送给心爱的人。因为是亲手做的手链，每一条线、每一个结、每一个花样，都是用满满的爱与祝福灌注而成，是最具有意义的礼物。

卢莎希亚

目录

材料与工具

·常用的绳和线

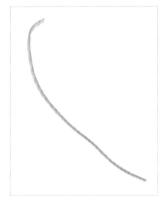

名称：麂皮绳
特色：具有温暖的绒毛触感，
适合做宽的作品。

名称：中国结线
特色：色泽光亮，塑料材质，用
火烧可以熔化并黏合固
定。

名称：玉线
特色：线条柔软，塑料材质，可
进行烧黏。

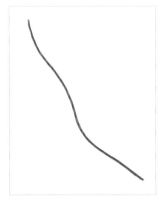

名称：蚕丝蜡线
特色：线条稍硬、易塑型，外层
裹蜡，可进行烧黏。

名称：绣线
特色：线条柔软，为多条细线
组合而成，具有淡淡的
光泽。

名称：麻绳
特色：具有朴实的触感，由多条
细麻线组成，韧性强。

·饰品

·各种珠子

·吊饰

·纽扣

·配件

·按可固定编线的数量排列：线夹 < 中山夹 < 皮带扣

名称：线夹
用途：将线穿入线夹的孔后固定。线夹的孔较小，可以固定较细的线或单条线。

名称：中山夹
用途：固定较多的编线。

名称：皮带扣
用途：固定更多的编线，或者固定比较宽的编线。

名称：龙虾扣
用途：通常和线夹、中山夹、皮带扣相搭配。

名称：OT 扣
用途：O 形扣与 T 形扣为一组，使用方法为将 T 形扣穿入 O 形扣中。

名称：压扣
用途：圆形扣与球形扣为一组，使用方法为将球形扣压入圆形扣中。

名称：链扣
用途：两个为一组，使用方法为将凸起螺旋端旋入凹槽螺旋端。

名称：链钩
用途：两个为一组，使用方法为将钩状端钩入另一端凹槽中。

·工具

名称：胶带
用途：固定编线。

名称：夹子
用途：固定编线。

名称：剪刀
用途：修剪线材。

名称：尖嘴钳
用途：固定金属零件。

名称：白胶
用途：固定线尾或连接线材。

名称：打火机
用途：在蜡线、中国结线等特殊线材结尾的时候，用打火机把线头烧化、黏合固定防止线散开，也称为"烧黏"。

学点基础技巧吧！

这里介绍了七种基础的绳结编法，能充分运用到各种手链编织中，可以作为编线的起始或作为手链的结尾。虽是小小的线结，却有大大的作用。

单结

Tips

· 线的数量越多，结也会越大。

⚓ 步骤

01

取一条线，线头在左。

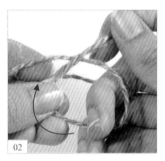

02

将线向上绕成一个线圈。

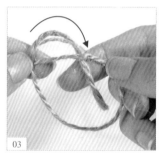

03

将线由后往前穿入线圈中。（注：线圈在上。）

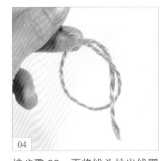

04

接步骤03，再将线头拉出线圈外。（注：线圈在下。）

05

将线拉紧。

Fin

单结完成。

固定结

Tips

· 可调整编线来决定固定结
的线圈大小。

步骤

01

将线对折形成一个线圈。

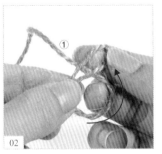

02

将线 ① 放在线圈后，在下方形
成双股线圈。

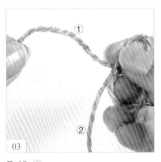

03

取线 ①。

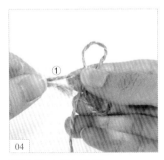

04

将线 ① 由后向前绕。

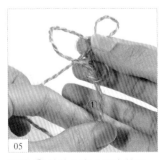

05

将线 ① 的线头穿入下方线圈。

Fin

将两条线拉紧后即完成。

绕结

Tips

· 用于固定多条编线，也可以用于手链的起始与结尾。

步骤

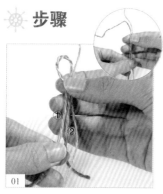

01

先取蓝色线绕成一个线圈后，再取米色线与蓝色线并列平放。

02

取蓝色线 ① 从下往上缠绕米色线与蓝色线 ②。

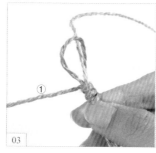

03

将线 ① 由后往前缠绕成线结，并绕至适当长度。（注：需预留线圈长度。）

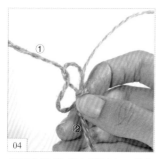

04

将蓝色线 ① 穿入线圈中，并向后拉出。

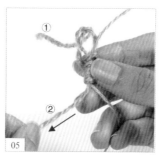

05

将蓝色线 ② 向下拉至线圈没入缠绕线段。

Fin

如图，绕结完成。

套结

Tips

· 用于固定编线，正反两面有
  不同的花样。

步骤

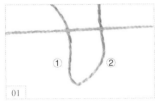

01

将蓝色线绕成 U 形，放在米色
线之下。

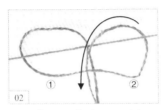

02

将线 ① 与线 ② 穿入 U 形中。

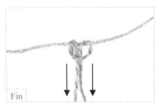

Fin

将线拉紧后即可完成。

增加编线数量

Tips

· 通过平结在蓝色线上增加两
  条米色线，可以做出丰富的
  花样。

步骤

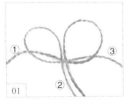

01

将蓝色线与米色线做一
个平结。（注：平结请参
考 p.19，米色线由一条变
为两条。）

Fin

将线拉紧后即可完成。

双股扭

Tips

· 两条线一起扭转，形成漂亮的麻花样。

步骤

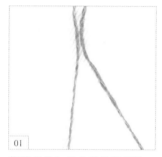

01

将蓝色线与米色线并列平放，前端可用胶带固定。

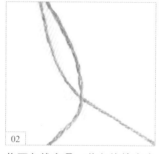

02

将两条线交叠，蓝色线放在米色线上。

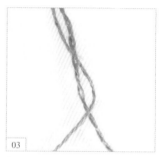

03

将两条线交叠，米色线放在蓝色线上。

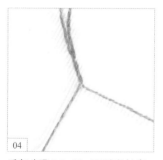

04

重复步骤02~03，至适当长度。

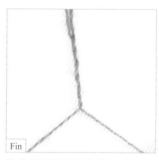

Fin

将线拉紧后即可完成。

串珠接线

Tips

· 将珠子串在线上，两条线的连接处隐藏在珠子的孔里面，可用白胶固定。

步骤

01

将米色线穿入珠子中。

02

将线的一端绕回，再穿回珠子中，形成一个线圈。（注：此处线头必须由上往下穿出珠子。）

03

再取一条蓝色线。

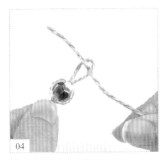

04

将蓝色线穿入线圈中。

05

先将蓝色线绕成 U 形，再将珠子向上推至两条线交叉处，遮挡接线处。

Fin

如图，串珠接线完成。

终于要开始编织手链了，真是令人期待！想不到纤细的线竟能编成如此美丽的手链。准备好拿起手上的编线，开始编织手链了吗？让我们一起体验手作的乐趣吧！

Lesson 2

Let's Go！一起做手链

手链作品图

平结手链　p.19

扭结手链　p.22

并列平结手链　p.25

三股编手链　p.28

五股平编手链　p.32

六股编手链　p.35

绕结手链　p.38

轮结手链　p.41

左右结手链　p.44

金刚结手链　p.47

圆圈手链　p.50

锁结手链　p.54

锁链结手链　p.57

鱼骨结手链　p.60

鱼骨结变化手链　p.64

网状七宝结手链　p.68

四组结手链　p.72

丸四结手链　p.76

斜丸四结手链　p.79

六组结手链　p.83

追半卷结手链　p.86

八股编手链　p.90

纵卷结手链　p.94

斜卷结手链　p.98

粉矿石手链　p.101

宝石包结手链　p.105

宝石框架结手链　p.109

七宝斜卷结手链　p.113

格子手链　p.117

鱼形手链　p.121

平结手链

Tips

·每一个平结，都会形成一个结点。

·步骤

01 取一条荧光黄色线与一条橙色线作主线，并列平放。

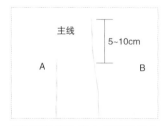

主线

5~10cm

A   B

02 再取橙色线 A 与荧光黄色线 B 放在主线旁。（注：主线需预留 5~10cm 做手链结尾。）

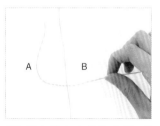

A   B

03 将 A 线向右放在主线、B 线上。

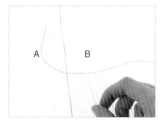

A   B

04 接步骤 03，将 B 线放在 A 线上。

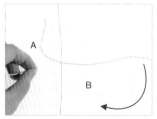

A

B

05 取 B 线穿过主线下方。

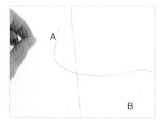

A

B

06 将 B 线往上穿出，并放在 A 线上。

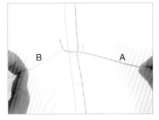

07 接步骤 06，将 A、B 线均匀地拉紧，即完成一个半平结。

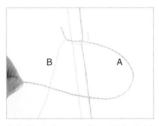

08 接步骤 07，将 A 线向左放在主线和 B 线上。

09 接步骤 08，将 B 线放在 A 线上。

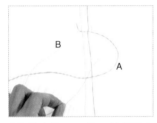

10 接步骤 09，将 B 线从下方穿过主线。

11 接步骤 10，将 B 线往上穿出，放在 A 线上。

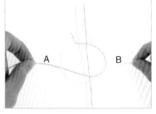

12 接步骤 11，抓住 A、B 线，左右两只手均匀用力拉紧。

13 一个平结完成。结点形成于左侧。

14 重复步骤 03~13，完成另一个平结。

15 如图，结点形成于右侧。

16 重复步骤 03~13，做六个半平结，左右各自形成六个结点。

17 将主线穿入铆钉中。

18 重复步骤 03~13，做两个半平结。

19 重复步骤 17~18，穿入铆钉做平结，共七次。

20 重复步骤 03~13，直至左右两侧皆有五个结点。

21 将主线上下两端各做一个单结。（注：单结请参考p.8。）

22 用剪刀将多余线段剪去。

23 用打火机将平结所多出的线头进行烧黏。

24 如图，烧黏后的平结。

25 将手链握成环状，并将主线并列平放。

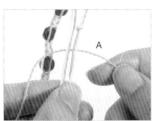

26 取 A 线放在主线后，再做五个平结。

27 如图，五个平结完成。

28 用剪刀将多余线段剪去。

29 用打火机进行烧黏。

Fin 如图，手链完成。

扭结手链

Tips

· 需要将线均匀地拉紧，才能编出螺旋状的花样。

· 步骤

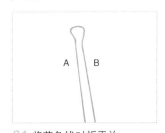

01 将蓝色线对折平放。

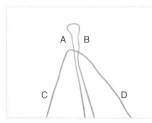

02 将另一条蓝色线放在 A、B 线后，为 C、D 线。

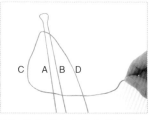

03 将 C 线由左往右放在 A、B、D 线上。

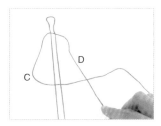

04 将 D 线放在 C 线上。

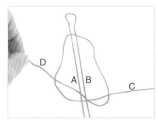

05 将 D 线穿过 A、B 线下方，再往上穿出放在 C 线上。

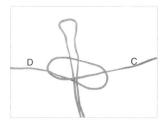

06 将 C、D 两线拉紧。

07 如图，第一部分完成。

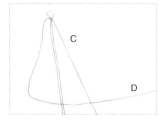

08 将 D 线向右放在 C 线上。

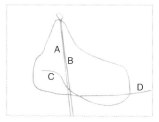

09 将 C 线穿过 A、B 线下方。

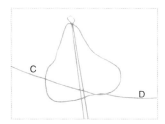

10 将 C 线往上穿出放在 D 线上。

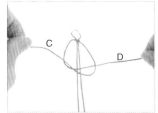

11 将 C、D 两线拉紧。

12 如图，一个扭结完成。

13 重复步骤 03~12，编至适当长度。

14 将 D 线穿入深蓝色珠子中。

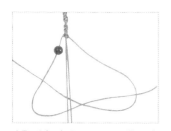

15 重复步骤 03~12，做三个扭结。

16 如图，完成三个扭结。

17 将右侧线穿入浅蓝色珠子中。

18 重复步骤 03~12，完成三个扭结。

19 依序穿入深蓝色、浅蓝色、白色、浅蓝色、白色五颗珠子，并各做三个扭结。

20 如图，串珠子的部分完成。

21 重复步骤 03~12，编至适当长度。

22 将深蓝色珠子穿入左侧线中。

23 将四条线做一个单结。（注：单结请参考 p.8。）

Fin 用剪刀将多余线段剪去，即可完成。

并列平结
手链

Tips

· 注意线圈不可以拉紧，线圈颜色皆为白色。

· 步骤

01 将白色、绿色麻绳穿入O形扣中。

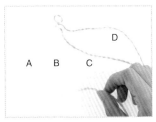

02 将A线放在B线上。

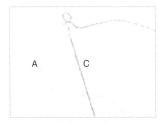

03 将C线放在A线上。

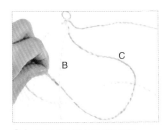

04 将C线穿过B线下方。

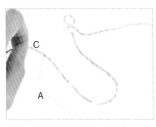

05 将C线往上穿出放在A线上。

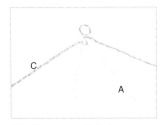

06 将A、C两线拉紧。

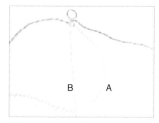

07 再将 A 线放在 B 线上。

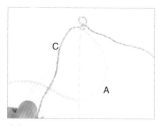

08 将 C 线放在 A 线上。

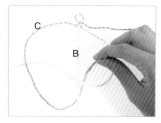

09 将 C 线穿过 B 线下方。

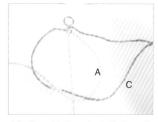

10 将 C 线往上穿出放在 A 线上。

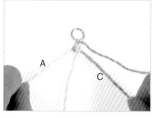

11 将 A、C 两线拉紧。

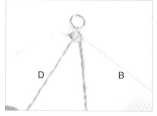

12 重复步骤 02~06，完成 B、D 线线结。

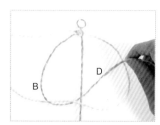

13 重复步骤 07~11，但不将线拉紧。

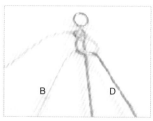

14 接步骤 13，将 B、D 线稍微拉紧，形成一个圆圈。

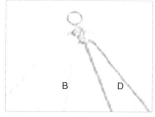

15 将 D 线拉紧，仅留 B 线形成的半圆。

16 重复步骤 02~06，再做一个线结。

17 如图，线结完成。

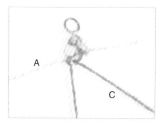

18 重复步骤 13~17，完成 A、C 线线结。

19 重复步骤 13~17，编至适当长度。

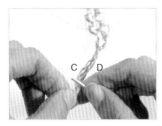

20 将 C、D 线穿入 T 形扣中。

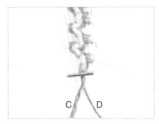

21 将 T 形扣推至 C、D 线底部。

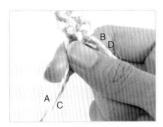

22 取 A、C 线。

23 将 A、C 线做一个单结。
（注：单结请参考 p.8。）

24 如图，单结完成。

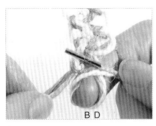

25 将 B、D 线做一个单结。

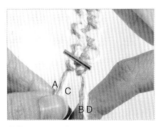

26 如图，单结完成。

27 用剪刀将多余线段剪去。

Fin 如图，手链完成。

三股编手链

Tips

· 蓝色线和黄色线都比浅蓝色线长 5~10cm，用来编手链头、尾的线段。

· 步骤

01 图示上的蓝色、浅蓝色、黄色线各取两条，共取六条线。

02 将六条线对折。

03 将蓝色线从中抽出一小段。

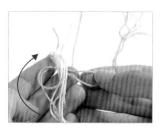

04 将蓝色线向后绕，形成一个线圈。

05 将蓝色线头从线圈中穿出。

06 将蓝色线拉紧。

07 如图，将六条线从左至右按浅蓝色、蓝色、黄色的顺序排列，前端用胶带固定。

08 将浅蓝色线放在蓝色线上，位于蓝色、黄色线之间。

09 将黄色线放在浅蓝色线上，位于浅蓝色、蓝色线之间。

10 将蓝色线放在黄色线上，位于黄色线与浅蓝色线之间。（注：即不断地将左右两边的线置于中间。）

11 重复步骤 08~10，完成线结。

12 将手链编至适当长度，颜色顺序为黄色、蓝色、浅蓝色。

13 取一个吊饰，穿在蓝色线上。

14 如图，线穿入吊饰中，完成。

15 接步骤 14，先将蓝色线放在浅蓝色线上，并将吊饰向外摆放。（注：将吊饰向外摆放才会有垂坠感。）

16 将黄色线放在蓝色线上，位于蓝色、浅蓝色线之间。

17 将浅蓝色线放在黄色线上，位于黄色、蓝色线之间。

18 重复步骤 15~17，编至适当长度。颜色顺序为浅蓝色、黄色、蓝色。

19 取第二个吊饰，穿在蓝色线上。

20 将蓝色线放在最外侧，并将吊饰向外摆放。

21 重复步骤 08~10，编至适当长度。

22 重复步骤 13~21，共穿入四个吊饰。

23 将黄色与蓝色、浅蓝色线分成两束。

24 再将黄色分成两条。

25 将线由左至右按黄色、蓝色、浅蓝色、黄色的顺序摆放。

26 取黄色、蓝色线做一个单结。（注：单结请参考p.8。）

27 单结位置如图所示。

28 取浅蓝色线做一个单结。

29 浅蓝色单结位置如图所示。

30 将黄色线、蓝色线、浅蓝色线握成一束。（注：需预留两条黄色线。）

31 用剪刀将多余的线段剪去。

32 如图，剪下尾端线段，完成。

33 取第三个吊饰，穿入其中一条黄色线。

34 将两条黄色线做一个单结。

35 用剪刀将多余的线段剪去。

36 取第四个吊饰。将前端的蓝色线剪开。

37 重复步骤33~35，先将吊饰穿入，再将蓝色线做单结。

38 将蓝色、黄色线两端交叠并排。

39 取一条浅蓝色线放在两束线后。

40 将浅蓝色线做五个平结。（注：平结请参考p.19。）

41 将两条浅蓝色线各做一个单结。

Fin 最后，用剪刀将多余的线段剪去，完成。

五股
平编手链

Tips

· 注意颜色顺序：左边三条
  蓝色线，右边两条米色
  线。

· 步骤

01 取蓝色线三条、米色线两
   条，前端用夹子固定。

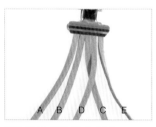

02 将 D 线放在 C 线上。

03 将 B 线放在 D 线上。

04 将 E 线放在 B、C 线上。

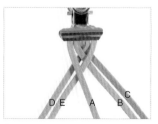

05 将 A 线放在 D、E 线上。

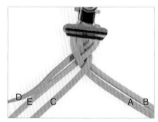

06 将 C 线放在 A、B 线上。

07 将 D 线放在 E、C 线上。

08 将 B 线放在 A、D 线上。

09 将 E 线放在 C、B 线上。

10 将 A 线放在 D、E 线上。

11 如图，手链形状呈 V 形。

12 重复步骤 06~10，完成线结。

13 将手链编至适当长度。

14 将五条线收拢成一束。

15 用剪刀将多余的线段剪去。

16 预留约 2cm 的线。

17 将尾端涂上白胶。

18 取皮带扣套在线上，并用尖嘴钳夹紧固定。

19 如图，尾端完成。

20 将手链前端涂上白胶。

21 取皮带扣套在线上，并用尖嘴钳夹紧固定。

Fin 手链完成。

Tips

每一次编线，先将右外侧线放入左内侧，形成左边三条线、右边两条线。

下一次编时，即将左外侧线放入右内侧线。形成左边两条线、右边三条线。

六股编手链

Tips

· 注意编线顺序：只有左侧第一次顺序是"下、上、下"，其余皆是"下、上、上"。

· **步骤**

01 取米色线两条、棕色线两条，咖啡色线两条，前端用夹子固定。

02 将 D 线放在 C 线上。

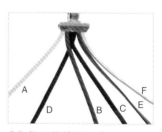

03 将 B 线放在 D 线上。

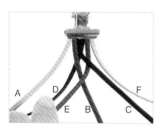

04 将 E 线穿过 C 线下方。

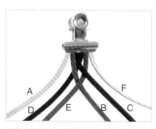

05 再将 E 线放在 B 线上。

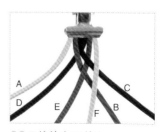

06 F 线放在 C 线上。

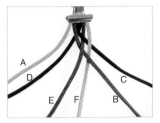

07 将 F 线穿过 B 线下方。
（注：编线顺序为上、下。）

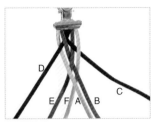

08 将 A 线穿过 D 线下方。

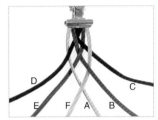

09 将 A 线放在 E 线上，并将
A 线穿过 F 线下方。（注：
编线顺序为下、上、下。）

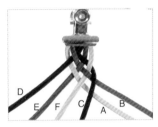

10 将 C 线放在 B 线上。

11 再将 C 线穿过 A 线下方。
（注：编线顺序为上、下。）

12 将 D 线穿过 E 线下方。

13 将 D 线放在 F 线上。

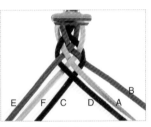

14 再将 D 线放在 C 线上。
（注：编线顺序为下、上、
上。）

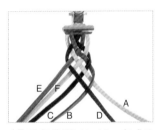

15 重复步骤 10~11，完成 B
线线结。

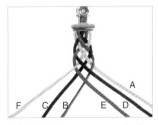

16 重复步骤 12~14，完成 E
线线结。

17 重复步骤 10~16，完成手
链线结。

18 如图，编至适当长度。

19 将六条线收握成一束。

20 将六条线稍微扭转固定。

21 用剪刀将多余线段剪去。

22 预留约 2cm 的线。

23 将尾端涂上白胶。

24 取皮带扣套在线上，用尖嘴钳夹紧固定。

25 如图，尾端结尾完成。

26 重复步骤 23~25，完成前端结尾。

Fin 如图，手链完成。

绕结手链

Tips

· 彩线要紧密且均匀地缠绕在白色线上，形成的花样才会整齐。

· **步骤**

01 取红色线在白色线上做一个绕结。（注：绕结请参考p.10。）

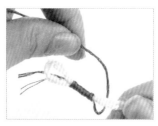

02 将红色线由下往上绕过白色线。

03 再将红色线由上往下绕在白色线上。

04 重复步骤 02~03，将红色线缠绕至白色线上。

05 如图，将红色线缠绕至一定长度。

06 取黄色线与白色线并列。

07 将红色线缠绕于黄色线与白色线上。

08 红色线缠绕至一定长度后，再取黄色线。

09 重复步骤03~05，将黄色线缠绕于红色线与白色线上。

10 用剪刀将红色线多余线段剪去。（注：留0.5cm。）

11 如图，红色线剪裁完成。

12 将剩余的红色线藏于黄色线中。

13 将黄色线缠绕至一定长度。

14 取绿色线与白色线并列。

15 重复步骤07~13，将绿色线缠绕于白色线与黄色线上。

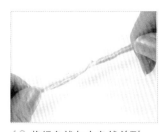

16 将绿色线与白色线并列。

17 将三条线穿入木珠中。

18 如图，木珠穿线完成。

19 再取一颗木珠，把三条线穿入其中。

20 重复步骤 03~05，依序缠绕线。

21 重复步骤 08~14，依序缠绕蓝色线、紫色线在白色线上。

22 将紫色线由下穿过白色线，形成一个线圈。

23 将紫色线由下往上穿入线圈中。

24 将紫色线拉紧。

25 用剪刀将紫色线多余部分剪去。（注：尾端留约0.5cm。）

26 将剩余紫色线涂上白胶。

27 将紫色线粘在白色线上。

28 用剪刀将红色线前端多余线段剪去。

29 取一颗红色珠子穿到白色线上。

Fin 最后，将白色线尾端打一个单结即可。（注：单结请参考 p.8。）

轮结手链

Tips

· 将编线拉紧，才能做出旋转的手链花样。

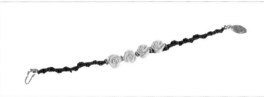

· **步骤**

01 将线一长、一短摆放，前端用夹子固定。

02 将线①向左放在线②上。

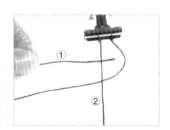

03 将线①从下方穿过线②。

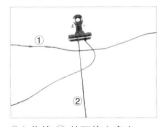

04 将线①从下往上穿出。

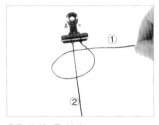

05 将线①拉紧。

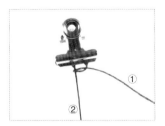

06 如图，一个线结完成。

07 重复步骤 02~06，依序编织。手链花样为螺旋形。

08 将手链编至适当长度。

09 将金珠穿在短线上。

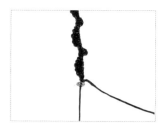

10 如图，将金珠推至结的底端。

11 重复步骤 02~06，完成一个线结。

12 如图，金珠固定完成。

13 将玫瑰吊饰穿在短线上。

14 重复步骤 02~06，完成一个线结。

15 将金珠穿在短线上。

16 重复步骤 02~06，完成一个线结。

17 重复步骤 09~16，依序把金珠、玫瑰吊饰、金珠穿在短线上。

18 如图，共串入四个玫瑰吊饰、五颗金珠。

19 重复步骤 02~06，完成手链下半部分。

20 如图，手链主体完成。

21 将线穿入线夹中。

22 用尖嘴钳夹紧线夹。

23 将线钩套入线夹钩中，并用尖嘴钳夹紧固定。

24 如图，尾端结尾完成。

25 重复步骤 21~23，完成手链前端结尾。

26 如图，前端结尾完成。

Fin 如图，手链完成。

左右结手链

Tips

· 注意穿金珠的线是否在内侧。

· 步骤

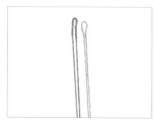

01 将桃红色线、粉色线并列平放，前端用胶带固定。

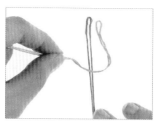

02 取粉色线向左放在桃红色线上。

03 将粉色线穿过桃红色线下方。

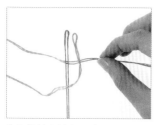

04 将粉色线向上穿出。

05 将粉色线拉紧。

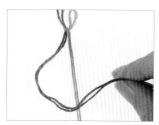

06 取桃红色线，向右放在粉色线上。

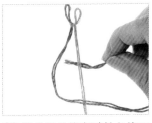
07 将桃红色线穿过粉色线下方。

08 将桃红色线向上穿出。

09 将线拉紧。

10 如图，左右两边线结完成。

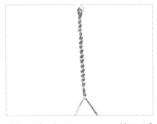
11 重复步骤02~10，编至适当长度。

12 将粉色线与桃红色线分开。

13 先将桃红色线分成两条线后，再将金珠穿在内侧桃红色线上。

14 取粉色线。

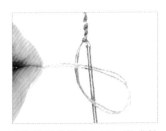
15 重复步骤02~05，完成粉色线线结。

16 如图，粉色线线结完成。

17 将金珠穿在内侧粉色线上。

18 取桃红色线。

19 重复步骤07~10，完成桃红色线线结。

20 如图，桃红色线线结完成。

21 将金珠穿在内侧桃红色线上。

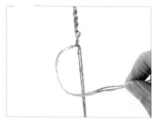

22 取粉色线。

23 重复步骤02~05，完成粉色线线结。

24 如图，三颗金珠穿好了。

25 重复步骤02~10两次，完成两个线结。

26 重复步骤13~25两次，依序穿入六颗金珠。

27 重复步骤02~10，编至适当长度。

28 将红色珠子穿在桃红色线与粉色线上。

29 将桃红色线与粉色线做一个单结。（注：单结请参考p.8。）

Fin 最后，用剪刀将多余线段剪去即可。

金刚结手链

Tips

· 先将桃红色线拉紧，再拉紧紫色线，就容易做出平整的线结。

· 步骤

01 将紫色线与桃红色线并列平放，前端以胶带固定。

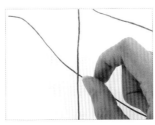

02 将紫色线向左放在桃红色线上。

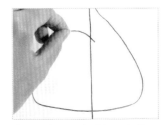

03 将紫色线穿过桃红色线下方。

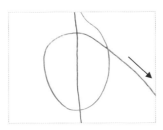

04 将紫色线向外拉，形成一个线圈。

05 将桃红色线由下往上放在紫色线上。

06 接步骤 05，将桃红色线由上往下穿过紫色线线圈中。

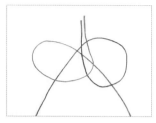

07 将两条线稍微拉紧，形成两个线圈。

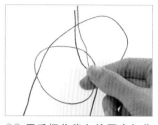

08 用手握住紫色线圈底与紫色线。

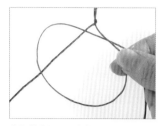

09 将桃红色线拉紧。

10 如图，桃红色线贴紧紫色线。

11 将紫色线拉紧。

12 如图，一个线结完成。

13 重复步骤02~12，完成线结。

14 将手链编至适当长度。

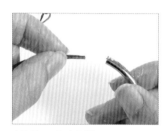

15 取一个金属管。

16 将两条线穿入金属管中。

17 如图，将金属管推至底部。

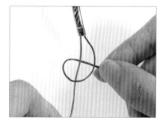

18 重复步骤02~12，以桃红色线为起始线。

19 将手链编至适当长度。

20 将两条线放入中山夹中。

21 用尖嘴钳夹紧中山夹其中一片。

22 如图，两片呈 L 形。

23 用尖嘴钳夹紧中山夹另一片。

24 用剪刀将多余线段剪去。

25 如图，尾端结尾完成。

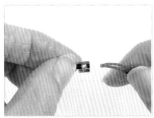

26 重复步骤 20~25，完成前端结尾。

Fin 将后端同样用中山夹固定，完成。

圆圈手链

Tips

· 将灰色线整齐地编于圆环上，手链上、下花样才会平整。

· **步骤**

01 取一条白色线与圆环。

02 将线穿入圆环中。

03 将线由上往下做一个线圈。

04 将线头向上穿过圆环。

05 将线拉紧。

06 将较短的线与线圈并列。

07 将较长的线向上拉。

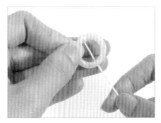

08 将较长的线由上往下放在圆环后。

09 将线由下往上穿过圆环中心，形成一个线圈。

10 将较短的线藏于线圈中。

11 用剪刀将多余的线段剪去。

12 如图，现在看不到线头。

13 将线放在圆环后。

14 将线由下往上穿过圆环。

15 将线拉紧。

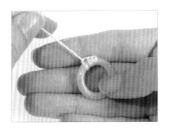

16 重复步骤 13~15，完成线结。

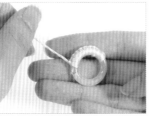

17 编至整个圆环的三分之一处。

18 取另一个圆环。

19 将线放在圆环后。

20 将线由下往上穿过圆环。

21 将线拉紧。

22 如图，连接第二个圆环。

23 重复步骤 13~22，编至有五个圆环。

24 取一条灰色线，将灰色线做套结。（注：套结请参考p.11。）

25 重复步骤 13~15，编三次结。

26 将灰色线做一个单结。（注：单结请参考p.8。）

27 取一颗银珠，将灰色线穿入银珠中。

28 将灰色线于银珠下做一个单结。

29 将灰色线放在圆环上。

30 将灰色线由下往上穿过圆环。

31 重复步骤 29~30 两次，完成线结。

32 重复步骤 25~31，完成线结。

33 依序穿入不同的银珠。

34 取一条米色线重复步骤 02~23，完成线结。

35 如图，编至有五个圆环。

36 将灰色线穿入线夹中。

37 用尖嘴钳夹紧。

38 取圆环压扣穿入线夹钩中，用尖嘴钳夹紧。

39 如图，灰色线结尾完成。

40 将米色、白色线一起穿入线夹中，用尖嘴钳夹紧。

41 取球形扣穿入线夹钩中，用尖嘴钳夹紧。白色线结尾完成。

Fin 手链完成。

锁结手链

Tips

· 编织时，将线圈整齐地互相穿入才能呈现出层叠的花样。

· **步骤**

01 取棕色、米色线各一条，前端用胶带固定。

02 如图，固定完成。

03 将棕色线做一个线圈。

04 将米色线由后往前缠绕一个线圈。

05 将米色线拉紧。

06 将米色线做一个线圈。

07 将米色线线圈穿过棕色线线圈。

08 将棕色线拉紧。

09 将棕色线做一个线圈。

10 将棕色线圈穿过米色线线圈。

11 将米色线拉紧。

12 重复步骤 03~11，做线圈并相互穿过。

13 将手链编至适当长度。

14 将吊饰穿入棕色线中。

15 重复步骤 09~11，将棕色线圈穿入米色线线圈中。

16 重复步骤 06~08，将米色线圈穿入棕色线线圈中。

17 如图，编至适当长度。

18 取棕色线。

19 将棕色线穿过米色线线圈中。

20 将棕色线拉紧。

21 将两线并排。

22 将两条线线端涂上白胶。

23 将皮带扣套入线中。

24 用尖嘴钳将皮带扣夹紧，手链尾端完成。

25 将手链前端涂上白胶。

26 用尖嘴钳将皮带扣夹紧。

Fin 手链完成。

锁链结手链

Tips

·线圈越小，手链的线条也会越密。

·步骤

01 将深蓝色、粉色线并列放在一起。

02 将两线做固定结，完成第一个线圈。（注：前端预留5~10厘米长度，固定结请参考 p.9。）

03 第一个线圈完成。

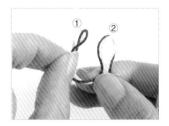

04 用较长线段做第二个线圈。

05 将第二个线圈穿过第一个线圈。

06 将第一个线圈拉紧。

07 用较长的那段线做第三个
线圈。

08 将第三个线圈穿入第二个
线圈中。

09 将线拉紧后,取一颗珠子。

10 将珠子穿在粉色线上。

11 如图,穿珠子完成。

12 将珠子放在线圈下。

13 将珠子与蓝色线一起从第
三个线圈中拉出。

14 如图,第四个线圈完成。

15 重复步骤07~14,把珠子
随意穿在手链的线上。

16 如图,珠子分散着排在手
链上。

17 左手捏住最后一个线圈。

18 右手捏住深蓝色线与粉色
线的线尾。

19 将深蓝色、粉色两条线一起穿过线圈。

20 右手捏住两条线向外拉。

21 将线拉紧，直至最后一个线圈消失。

22 双手各捏住手链的两端。

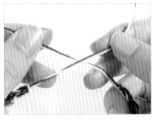

23 将两端的线交叉。

24 将左线段在右线段上做一个单结。（注：单结请参考p.8。）

25 将右线段在左线段上做一个单结。

26 用剪刀将多余线段剪去。

Fin 手链完成。

鱼骨结手链

Tips

· 所形成的线圈皆在上一个线圈之下。

· 步骤

01 取米色线对折平放，前端用胶带固定，作为主线。

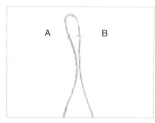

02 如图，将白色线放在主线下面。

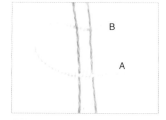

03 将 A 线向右放在主线上。

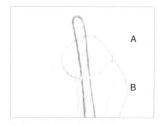

04 将 B 线放在 A 线上。

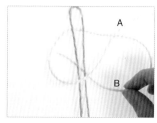

05 将 B 线穿过主线下方。

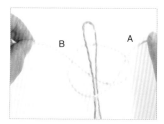

06 将 B 线往上穿出，放在 A 线上。

07 将 A、B 线拉紧。

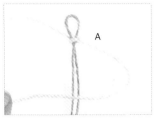

08 将 A 线向左放在主线上。

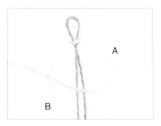

09 将 B 线放在 A 线上。

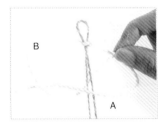

10 将 B 线穿过主线下方。

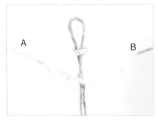

11 将 B 线往上穿出，放在 A 线上。

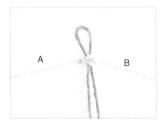

12 将 A、B 线拉紧。

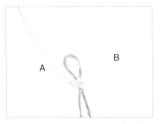

13 将 A、B 两条线向上摆放。

14 取粉色线放在主线下。

15 重复步骤 03~13，完成粉色线线结。

16 如图，粉色线线结完成。

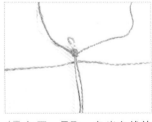

17 如图，另取一条米色线放在主线下。

18 重复步骤 03~13，完成米色线线结。

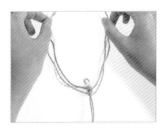  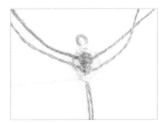

19 将白色线从下方穿过粉色线和米色线。

20 如图，白色线在粉色、米色线下方。

21 重复步骤 03~13，在结与结之间形成一个线圈。

22 将粉色线从下方穿过米色线和白色线。

23 重复步骤 03~13，完成粉色线线结。

24 将米色线从下方穿过白色线和粉色线。

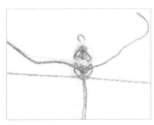 

25 重复步骤 03~13，完成米色线线结。

26 重复步骤 03~25，完成线结。 27 编至适当长度。

28 将八条线收成一束。

29 取右侧米色线，于其他线上做一个单结。（注：单结请参考 p.8。）

30 如图，单结完成。

31 任取两条米色线保留。

32 其余线段用剪刀剪去。

33 如图，以看不到线尾为准。

34 将米色线于尾端做一个单结。

35 将手链前端做一个单结。

36 用剪刀将两端多余线段剪去。

37 如图，将手链两端并列。

38 取一条粉色线放在两端的线后。

39 做三次平结。（注：平结请参考 p.19。）

40 取右侧线于左侧线上做一个单结。

41 用剪刀将多余线段剪去即可。

Fin 手链完成。

鱼骨结
变化手链

Tips

· 纽扣所形成的线圈会较大
  且线圈在手链上方。

· 步骤

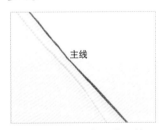

01 取白色线与紫色线平放，
   共同作为主线。

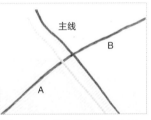

02 取一条紫色线放在主线下。

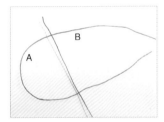

03 接步骤 02，将 A 线向右放
   在主线上。

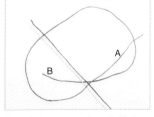

04 接步骤 03，将 B 线放在 A
   线上，并穿过主线下方。

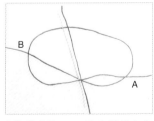

05 接步骤 04，将 B 线往右上
   穿出，放在 A 线上。

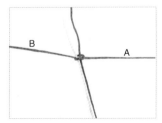

06 接步骤 05，将 A、B 两线
   均匀地拉紧。

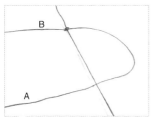

07 接步骤 06，将 A 线向左放在主线上。

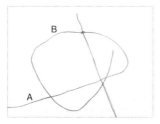

08 接步骤 07，将 B 线放在 A 线上，并穿过主线下方。

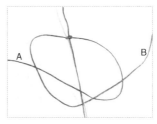

09 接步骤 08，将 A 线往上穿出，放在 B 线上。

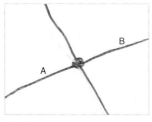

10 接步骤 09，将 A、B 两线拉紧，一个线结完成。

11 将白色线放在主线下。

12 重复步骤 03~10，完成第二个线结。

13 如图，将紫色线放在主线下。

14 重复步骤 03~10，完成第三个线结。

15 将主线的白色、紫色线分别穿过纽扣的两个孔。

16 接步骤 15，将白色、紫色线绕过来，再分别穿过纽扣的另外两个孔。

17 如图，纽扣穿线完成。

18 将纽扣推至底部。

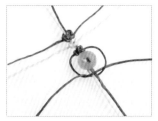

19 重复步骤 03~10，紫色线向下完成线结。

20 如图，形成第一个线圈。

21 重复步骤 03~10，完成中间白色线线结。

22 如图，形成第二个线圈，略大于第一个线圈。

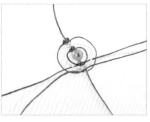

23 重复步骤 03~10，完成下方紫色线线结。

24 如图，形成第三个线圈，略大于第二个线圈。

25 将蓝色珠子穿在主线上。

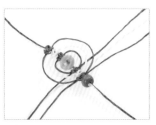

26 接步骤 25，将蓝色珠子推至底部。

27 重复步骤 03~10，将下方紫色线向下做一个线结。

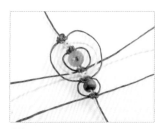

28 如图，形成第一个线圈。

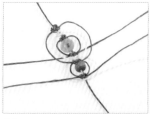

29 重复步骤 03~10，将中间白色线向下做一个线结。（注：白色线需在紫色线下方。）

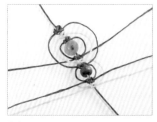

30 如图，形成第二个线圈，略大于第一个线圈。

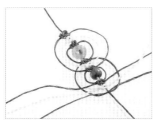

31 重复步骤 03~10，将上方
紫色线向下做一个线结。
（注：紫色线需在白色线下
方。）

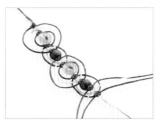

32 重复步骤 15~31，穿入纽
扣与木珠。

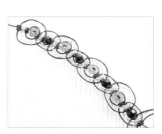

33 重复步骤 15~31，共穿入
四颗纽扣与四颗木珠。

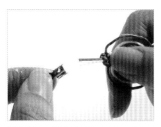

34 取一个中山夹。

35 将主线前端放入中山夹，
用尖嘴钳固定。

36 前端固定完成。

37 将主线尾端放入中山夹，
用尖嘴钳固定。

38 用剪刀将主线多余线段剪
去。

39 主线结尾完成。

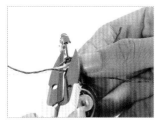

40 将白色线与紫色线多余线
段用剪刀剪去。

41 用打火机烧黏线圈线段尾
端。

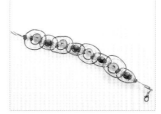

Fin 手链完成。

网状七宝结手链

Tips

·左、右两侧线皆为同色，只有中间线结才会用两种不同的颜色。

· **步骤**

01 如图，取粉色线与米色线各两条。

02 如图所示，将两条长线对折，与两条短线前端并列。

03 取一条白色线。

04 将白色线在粉色线和米色线上做绕结。（注：绕结请参考 p.10。）

05 用剪刀将白色线多余线段剪去。

06 如图，绕结完成。

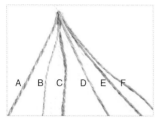

07 如图，将粉色线与米色线依序排列，前端用胶带固定。

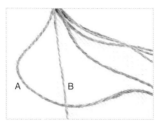

08 将 A 线向右放在 B 线上

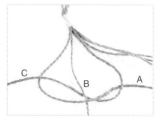

09 将 C 线从 A 线上方穿过 B 线下方，再往上穿出，最后放在 A 线上。

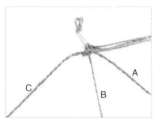

10 将 A、C 两线均匀地拉紧。

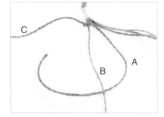

11 将 A 线向左放在 B 线上。

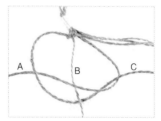

12 将 C 线从 A 线上方穿过 B 线下方，再往上穿出，最后放在 A 线上。

13 如图，一个线结完成。

14 重复步骤 08~13，做两次线结。

15 如图，左侧线结完成。

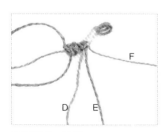

16 取 D、F 线。

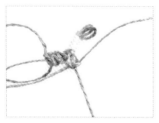

17 重复步骤 08~13，做两次线结。

18 如图，右侧线结完成。

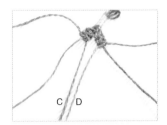

19 将 C、D 线集成一束。

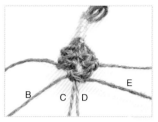

20 重复步骤 08~13，将 B、E 线以 C、D 线为中心做两次线结。

21 如图，中间线结完成。

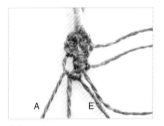

22 重复步骤 13~15，将 A、E 线做两次线结。

23 如图，左侧线结完成。

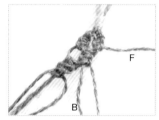

24 重复步骤 16~18，将 B、F 线做两次线结。

25 如图，右侧线结完成。

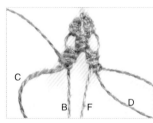

26 重复步骤 19~21，将 C、D 线以 B、F 线为中心做两次线结。

27 如图，中间线结完成。

28 重复步骤 22~25，做下方线结。

29 如图，手链上半部分完成。

30 取一颗木珠穿在内侧的米色线上。

31 取一颗木珠穿在内侧的粉
色线上。

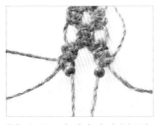

32 如图，木珠穿在内侧两条
线上。

33 取一颗彩色珠子，一起穿
在粉色线与米色线上。

34 取两颗木珠分别穿在粉色
线与米色线上。

35 重复步骤08~29，完成手
链下半部分编织。

36 取一颗彩色珠子，穿在粉
色线与米色线上。

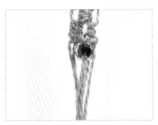

37 将粉色线与米色线收拢成
一束。

38 取一条白色线。

39 将白色线于线束上做绕结。

40 用剪刀将多余线段剪去。

41 如图，手链结尾完成。

Fin 手链完成。

四组结手链

Tips

·将四条黄色线均匀地拉紧，
做出的线结才会平整。

·步骤

01 将四条黄色线对折，并列
平放。

02 将四条线收拢成一束。

03 将四条线于前端做一个单结。

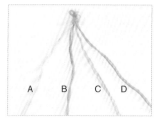

04 如图，将黄色线依序排列。

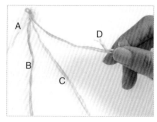

05 取右侧 D 线。

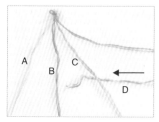

06 接步骤 05，将 D 线穿过 C
线下方。

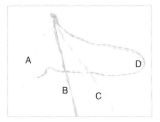

07 接步骤 06，将 D 线穿过 B 线下方。

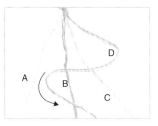

08 接步骤 07，将 D 线向右放在 B 线上。

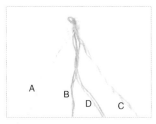

09 接步骤 08，将 D 线拉紧。

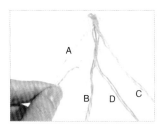

10 取 A 线。

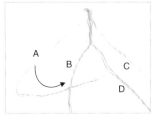

11 接步骤 10，A 线向右穿过 B 线下方。

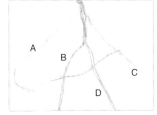

12 接步骤 11，将 A 线穿过 D 线下方。

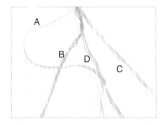

13 接步骤 12，将 A 线向左放在 D 线上。

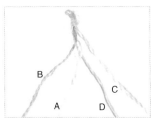

14 接步骤 13，将 A 线拉紧。

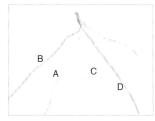

15 将 C 线向左摆放，并穿过 D 线下方。

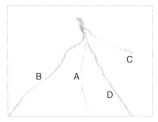

16 接步骤 15，将 C 线穿过 A 线下方。

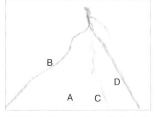

17 接步骤 16，将 C 线向右放在 A 线上。

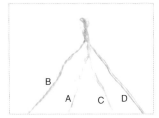

18 接步骤 17，将 C 线拉紧。

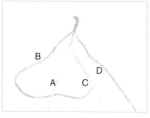

19 接步骤 18，将 B 线向右穿过 A 线下方。

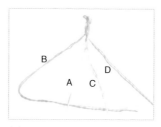

20 接步骤 19，将 B 线穿过 C 线下方。

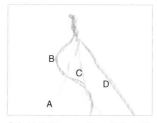

21 接步骤 20，将 B 线向左放在 C 线上。

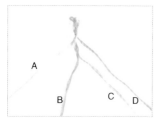

22 接步骤 21，将 B 线拉紧。

23 重复步骤 05~22，做四组线结。

24 将手链编至适当长度。

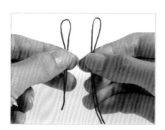

25 取一长、一短两条桃红色线。

26 取较短的桃红色线，穿入吊饰中。

27 将桃红色线于吊饰上做一个套结。（注：套结请参考 p.11。）

28 如图，套结完成。

29 取较长的桃红色线，于吊饰的另一端做一个套结。

30 如图，套结完成。

31 取一长、一短两条白色线。

32 重复步骤 26~30，完成套结。

33 如图，套结完成。

34 将黄色、桃红色、白色三条线并列平放。

35 将三条线前端涂上白胶。

36 取一个皮带扣套入线，用尖嘴钳固定。

37 前端结尾完成。

38 取手链尾端，用剪刀将多余线段剪去。

39 如图，三条线长度相同。

40 重复步骤 35~37，完成尾端结尾。

41 如图，手链尾端完成。

Fin 手链完成。

丸四结手链

Tips

·注意线结的方向为全部向左或全部向右。

·步骤

01 如图，取一条蓝色线。

02 将蓝色线穿入木纽扣孔中。

03 接步骤 02，再将蓝色线穿入木纽扣对角的孔中。

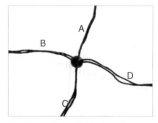

04 取一条红色线十字交叉放在蓝色线上。

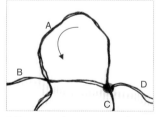

05 如图，将 A 线向左放在 B 线上。（注：将红色 A 线向下弯成线圈。）

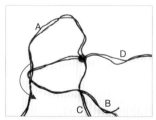

06 将 B 线向右放在 C 线上。

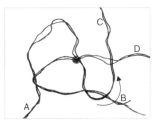

07 将 C 线向上放在 D 线上。

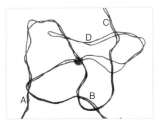

08 将 D 线向左放在 A 线上。

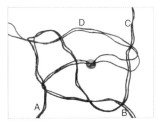

09 将 D 线穿过 A 线形成的线圈中。

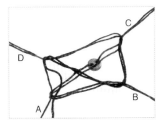

10 将四条线向外拉紧，形成四边形。

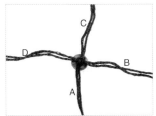

11 如图，线结 1 完成。

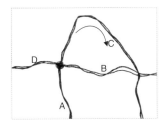

12 如图，将 C 线向右放在 B 线上。（注：将红色 C 线向下弯成线圈。）

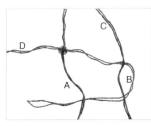

13 将 B 线向左放在 A 线上。

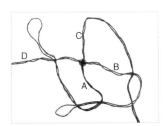

14 将 A 线向上放在 D 线上。

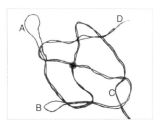

15 将 D 线穿过 C 线线圈下方。

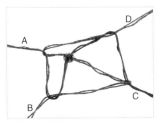

16 将四条线一起拉紧，形成四边形。

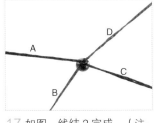

17 如图，线结 2 完成。（注：全部向左或全部向右进行线结。）

18 重复步骤 05~16，依序继续做线结 1、线结 2。

19 将手链编至适当长度。

20 将线分成两组，每一组红色线与蓝色线各一条。

21 将其中一组线做双股扭。（注：双股扭请参考 p.12。）

22 将另一组线同样做双股扭。

23 将左、右两组线做一个单结。（注：单结请参考 p.8，并需预留单结前端线圈空间。）

24 取一颗金珠。

25 将蓝色线穿入金珠，并在尾端做一个单结。

26 将红色线穿入金珠后打结。（注：尾端可视金珠穿入情况，决定是否涂白胶。）

Fin 将木纽扣套入线圈中，完成。

斜丸
四结手链

Tips

· 注意穿橙色珠子的顺序。

· 步骤

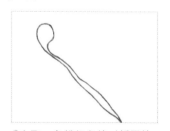

01 取一条桃红色线对折平放。

02 取一颗桃红色珠子。

03 如图，将线穿入桃红色珠子中。

04 如图，将桃红色珠子推至对折后线的中段。

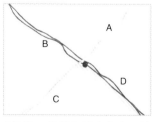

05 取一条黄色线十字交叉放在桃红色线上。

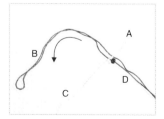

06 将 B 线向左平放。

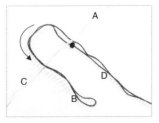

07 接步骤06，将B线放在C线上。（注：将桃红色B线弯成线圈。）

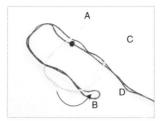

08 接步骤07，将C线向右放在D线上。

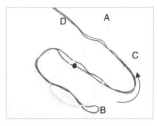

09 接步骤08，将D线向左放在A线上。

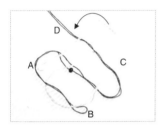

10 接步骤09，将A线放在B线上。

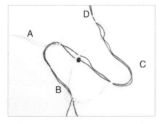

11 接步骤10，将A线穿过B线线圈下方。

12 接步骤11，将四条线一起拉紧，形成一个四边形。

13 如图，一个线结完成。

14 重复步骤06~13，继续编线结。

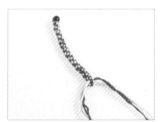

15 如图，编至适当长度。

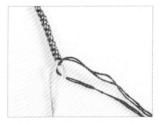

16 将四条线分为黄色线组与桃红色线组。

17 取一颗橙色珠子。

18 接步骤17，将橙色珠子穿到两条黄色线上。

19 接步骤 18，将橙色珠子推至线底。

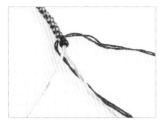

20 取黄色线和桃红色线。

21 将一颗橙色珠子穿到黄色线和桃红色线上。

22 将线分为黄色线组与桃红色线组。

23 如图，再将一颗橙色珠子穿入桃红色线组。

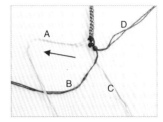

24 将四条线分开，将 A 线向左下放在 B 线上。

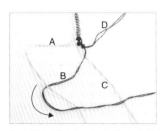

25 接步骤 24，将 B 线向右放在 C 线上。

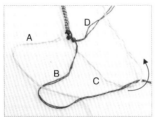

26 接步骤 25，将 C 线放在 D 线上。

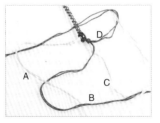

27 接步骤 26，将 D 线穿过 A 线线圈下方。

28 将四条线一起拉紧。

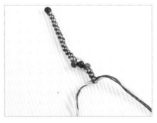

29 重复步骤 24~28，编至适当长度。

30 重复步骤 16~23，穿上珠子。

31 如图，穿好珠子。

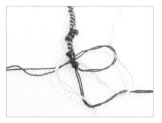

32 重复步骤 06~13，再做一个线结。

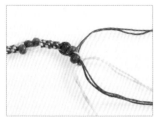

33 将四条线一起拉紧。

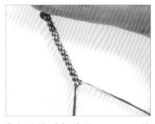

34 继续重复步骤 06~13，编至适当长度。

35 如图，手链主体完成。

36 将四条线做一个单结。（注：单结请参考 p.8。）

37 如图，单结完成。（注：单结上方要留部分线圈。）

38 用剪刀剪去多余线段即可完成。

Fin 手链完成。

六组结手链

Tips

· 利用麻绳做出自然风的手链。

· 步骤

01 如图，取蓝色、白色、米色线各一条对折后握于手中，形成一个线圈。

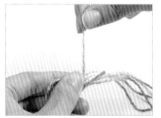

02 取一条米色线做绕结。（注：绕结请参考 p.10。）

03 用剪刀剪去多余线段。

04 如图，绕结完成。

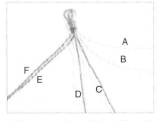

05 如图，将所有的线按照蓝色、米色、白色的顺序排列，前端用胶带固定。

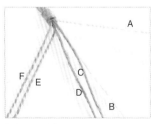

06 取 A 线。

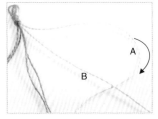

07 将 A 线向左穿过 B 线下方。

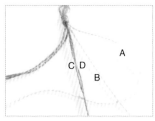

08 将 A 线穿过 C、D 线下方。

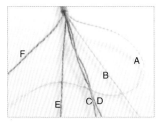

09 将 A 线穿过 E 线下方。

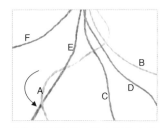

10 接步骤 09，将 A 线向右放在 E 线上。

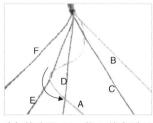

11 接步骤 10，将 A 线穿过 D 线下方。

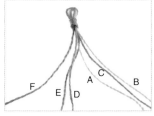

12 接步骤 11，将 A 线拉紧。

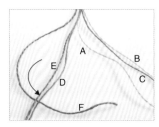

13 将 F 线向右穿过 E、D 线下方。

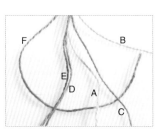

14 将 F 线穿过 A、C 线下方。

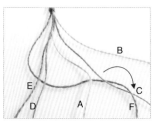

15 接步骤 14，将 F 线向左放在 C 线上。

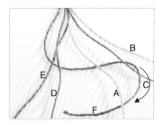

16 接步骤 15，将 F 线穿过 A 线下方。

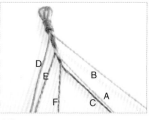

17 接步骤 16，将 F 线拉紧。

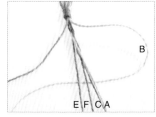

18 将 B 线穿过 A、C、F、E 四条线下方。

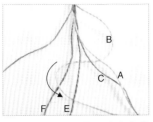

19 接步骤 18，将 B 线向右放在 F 线上，并穿过 E 线下方后拉紧。

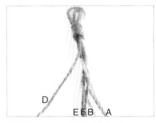

20 如图，B 线线结完成。

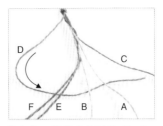

21 将 D 线依序穿过 F、E、B、A 四条线下方。

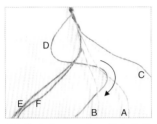

22 接步骤 21，将 D 线向右放在 A 线上，并穿过 B 线下方。

23 如图，完成 D 线线结。

24 重复步骤 06~23，将手链编至适当长度。

25 手链主体完成。

26 如图，于手链尾端做一个绕结。

27 将六条线做一个单结。（注：单结请参考 p.8。）

Fin 手链完成。

追半卷结
手链

Tips

· 将灰色线跨过绿色线做线结，形成立体形状。

· 步骤

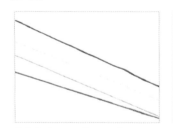

01 将灰色、黄色、浅绿色、深绿色四条线并列平放。

02 将四条线对折，在线中央形成一个线圈。

03 取另一条深绿色线。

04 将深绿色线穿入四条线的线圈中。

05 将深绿色线于四条线上做一个套结。（注：套结请参考p.11。）

06 如图，套结完成。

07 将四条线平放，前端用胶带固定。

08 将四条线依灰色、黄色、深绿色、浅绿色的顺序排列。

09 将浅绿色线向左放在深绿色线上。

10 将浅绿色线向右穿过深绿色线下方，并往上穿出。

11 将浅绿色线拉紧。

12 如图，一个线结完成。

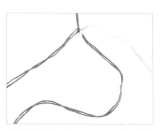

13 重复步骤 09~12，完成深绿色线线结。

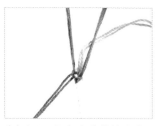

14 如图，深绿色线线结完成。

15 重复步骤 09~12，完成黄色线线结。

16 如图，黄色线线结完成。

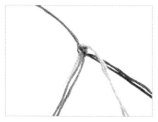

17 将灰色线从左侧穿过浅绿色线下面，放至右侧。

18 重复步骤 09~12，完成灰色线线结。

19 如图，灰色线线结完成。

20 重复步骤 09~19，完成各色线线结。

21 重复步骤 09~19，编至适当长度。

22 如图，手链主体完成。

23 将黄色、灰色线放在左侧，浅绿色、深绿色线放在右侧。

24 将左侧线分为三组：①灰色，②灰色、黄色，③黄色。

25 将三组线做三股编。（注：三股编请参考 p.28。）

26 如图，三股编完成。

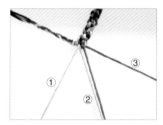

27 将右侧线分为三组：①浅绿色，②浅绿色、深绿色，③深绿色。

28 将三组线做三股编。

29 如图，三股编完成。

30 将两条三股编做一个单结。（注：单结请参考 p.8。）

31 用剪刀将多余线段剪去。

32 如图，手链结尾完成。

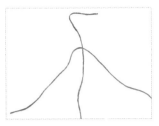

33 另取两条深绿色线交叉平放，下方形成三条线。

34 将三条线做三股编。

35 如图，三股编完成。

36 将三股编做一个圈。

37 将三股编与手链前端套结线并列。

38 取前端的套结线。

39 把这段线于三股编上做一个绕结。（注：绕结请参考p.10。）

40 如图，绕结完成。

41 用剪刀将多余线段剪去。

Fin 手链完成。

八股编
手链

Tips

· 手链的截面是正方形。四边皆是 V 形花样。

· 步骤

01 将浅蓝色、粉红色、红色、黄色四条线并列平放。

02 取一条蓝色线于四条线中间做一个套结。

03 如图，套结完成。（注：套结请参考 p.11。）

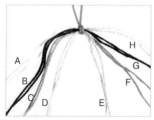

04 将四条线依黄色、红色、粉红色、浅蓝色的顺序排列，共计八条线。

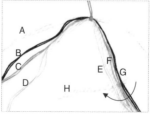

05 将 H 线向左穿过 G、F、E 线下方。

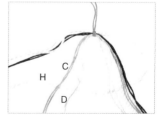

06 接步骤 05，将 H 线穿过 D、C 线下方。

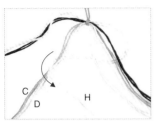

07 接步骤 06，将 H 线向右放在 C、D 线上。

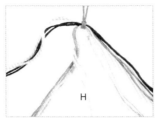

08 将 H 线拉紧。

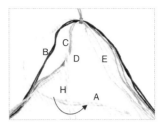

09 将 A 线向右穿过 B、C、D、H 线下方。

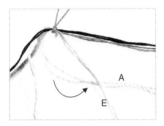

10 将 A 线穿过 E 线下方。

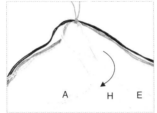

11 接步骤 10，将 A 线向左放在 E、H 线上。

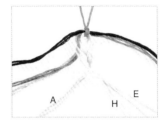

12 将 A 线拉紧。

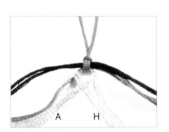

13 如图，完成 A、H 线线结。

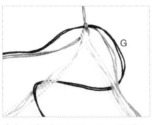

14 重复步骤 05~08，完成 G 线线结。

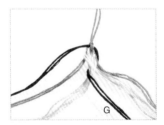

15 如图，G 线线结完成。

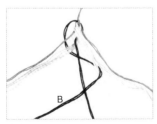

16 重复步骤 09~12，完成 B 线线结。

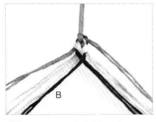

17 如图，B 线线结完成。

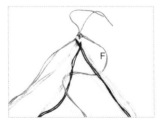

18 重复步骤 05~08，完成 F 线线结。

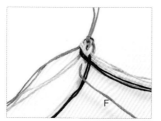

19 如图，F 线线结完成。

20 重复步骤 09~12，完成 C 线线结。

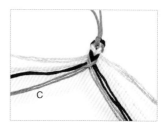

21 如图，C 线线结完成。

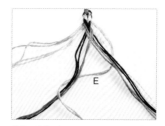

22 重复步骤 05~08，完成 E 线线结。

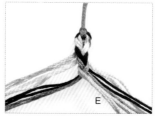

23 如图，E 线线结完成。

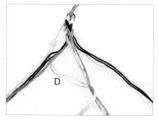

24 重复步骤 09~12，完成 D 线线结。

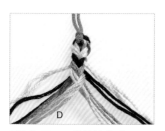

25 如图，D 线线结完成。

26 重复步骤 05~25，继续编线结。

27 将手链编至适当长度。

28 手链主体完成。

29 将前端蓝色套结的线解开。（注：先不将套结线抽出。）

30 将八条线尾端穿入蓝色套结线圈中。

31 接步骤30，将八条线向下折。

32 接步骤31，将蓝色套结线连同八条线一同拉出。

33 如图，将八条线穿过前端线圈。

34 将八条线分成左侧线和右侧线，每组有红色、粉红色、黄色、浅蓝色线各一条。

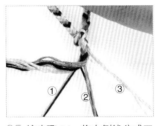

35 接步骤34，将右侧线分成三组：①黄色、红色，②粉红色（两条）、红色，③浅蓝色（两条）、黄色。

36 将三组线做三股编。（注：三股编请参考 p.28。）

37 重复步骤35、36，将左侧线完成三股编。

38 将三股编线穿过银珠。

39 三股编线尾做一个单结。（注：单结请参考 p.8。）

40 用剪刀将多余线段剪去，完成一组线结尾。

41 重复步骤38~40，完成另一组线结尾。

Fin 手链完成。

纵卷结手链

Tips

· 要将每条线均匀地拉平，
形状才会平整好看。

· 步骤

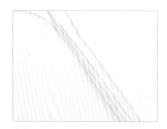

01 将四条白色线并列平放。

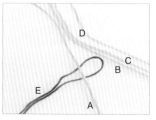

02 另取一条绿色 E 线放在 A
线下。

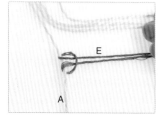

03 将 E 线于 A 线上做一个套结。
（注：套结请参考 p.11。）

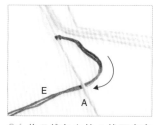

04 将 E 线向左从 A 线下方穿
过。

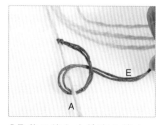

05 将 E 线向右放在 A 线上，
并从 E 线下方穿出。

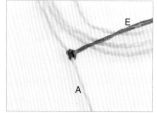

06 接步骤 05，将 E 线拉紧。

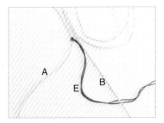

07 将 E 线向右从 B 线下方穿出。

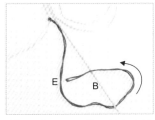

08 接步骤 07，将 E 线向左放在 B 线上。

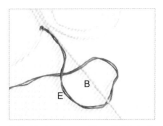

09 接步骤 08，从 E 线下方穿出。

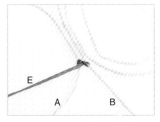

10 接步骤 09，将 E 线拉紧。

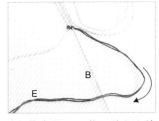

11 接步骤 10，将 E 线向左放在 B 线上。

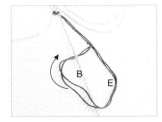

12 接步骤 11，将 E 线向右从 B 线下方穿出。

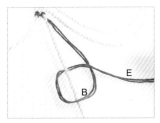

13 接步骤 12，将 E 线从 E 线上方穿出。

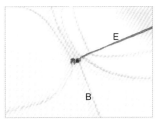

14 接步骤 13，将 E 线拉紧，完成一个卷结。

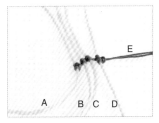

15 重复步骤 07~14，完成 C、D 线卷结。

16 重复步骤 07~14，E 线折过来在 D 线上编卷结。

17 重复步骤 07~14，完成五排卷结。

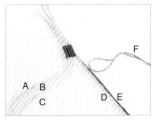

18 取一条浅绿色线 F。

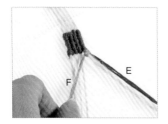

19 重复步骤07~14，完成F线卷结。

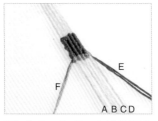

20 依D、C、B、A线的顺序做四个卷结。

21 用剪刀将E线多余线段剪去。

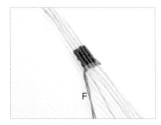

22 如图，仅剩F线。

23 重复步骤07~14，编至适当长度，手链上半部分完

24 取一颗银珠。

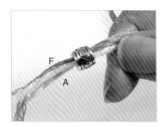

25 将A线与F线穿过银珠。

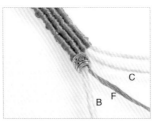

26 如图，将银珠推至底部，并将F线放在B、C线之间。

27 取一个吊饰。

28 将C线和D线穿过吊饰。

29 如图，将吊饰推至底部。

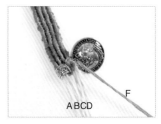

30 按照D、C、B、A的顺序用F线做卷结。

96

31 先重复步骤 18~23，再重复步骤 02~17，完成手链下半部分。

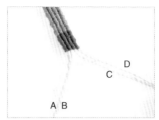

32 将线分为 AB 组、CD 组。

33 将 A、B 线做双股扭。（注：双股扭请参考 p.12。）

34 将 C、D 线同样做双股扭。

35 取一条深绿色线于 A、B、C、D 线上做绕结。（注：绕结请参考 p.10。）

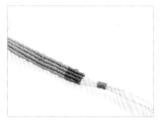

36 如图，绕结完成。

37 用剪刀将多余线段剪去。

38 手链尾端结尾完成。

39 重复步骤 32~34，将手链前端 A、B 线与 C、D 线各做双股扭。

40 将 C、D 线穿过一颗银珠。

41 如图，将银珠推至底部。

Fin 将手链前端做一个绕结，完成。

斜卷结手链

Tips

· 用其中一条线当轴线做卷结。从侧面看，手链的花纹是连续的 V 形。

· 步骤

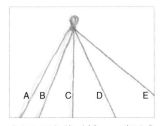

01 取两条线对折，一端形成线圈，并另取一条线做单结固定。共五条线。（注：单结请参考 p.8。）

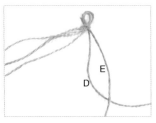

02 取 E 线做轴线，将 D 线向右穿过 E 线下方。

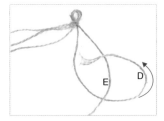

03 接步骤 02，将 D 线向左放在 E 线上。

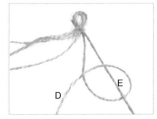

04 接步骤 03，从 D 线下方穿出。

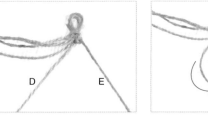

05 接步骤 04，将 D 线拉紧。

06 接步骤 05，将 D 线向右放在 E 线上。

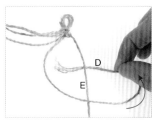

07 接步骤 06，将 D 线向左从 E 线下方穿过。

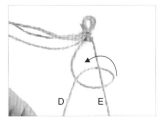

08 接步骤 07，将 D 线从上方穿出。

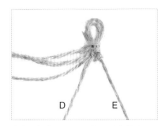

09 接步骤 08，将 D 线拉紧，完成一个卷结。

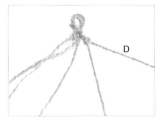

10 将 D 线放在外侧。

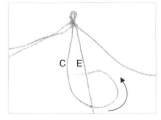

11 重复步骤 02~10，完成 C、E 线卷结。

12 将 A 线穿入蓝色珠子。

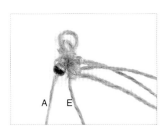

13 接步骤 12，将蓝色珠子推至 A 线底部。

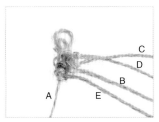

14 重复步骤 02~10，将 E 线于 A 线上做一个卷结。

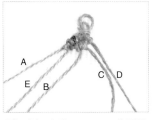

15 重复步骤 02~10，分别取 D、C 线为轴线，向左做两排卷结。

16 如图，共三排卷结。

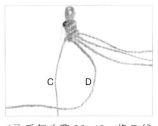

17 重复步骤 02~10，将 D 线于 C 线上做一个卷结。

18 取 C 线做轴线，向右做 A、E 线卷结。

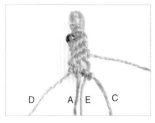

19 如图，完成 A、E 线卷结。

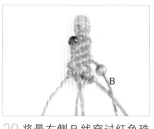

20 将最右侧 B 线穿过红色珠子。

21 重复步骤 14~16，完成共三排卷结，手链花样呈现出倒 V 形。

22 重复步骤 02~21，编至适当长度。

23 如图，手链主体完成。

Fin 将手链尾端做一个单结，完成。

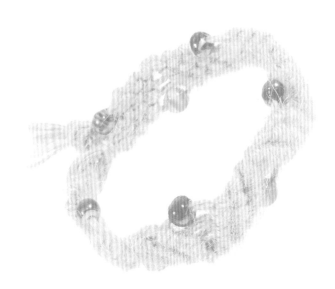

粉矿石手链

Tips

· 注意米色线的线圈大小是否能将编线穿入。

· 步骤

01 取粉色、白色线各两条，依序并列平放。

02 将米色线绕出一个线圈。

03 将四条线收拢成一束，对折。

04 将所有线于米色线上做一个套结。（注：套结请参考p.11。）

05 如图，套结完成。

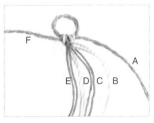

06 如图，将B、C、D、E四条线依白色、粉色、白色、粉色的顺序排列。

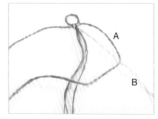

07 将 B 线向右放在 A 线上。

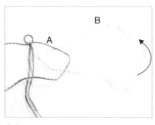

08 接步骤 07，将 B 线向左穿过 A 线下方。

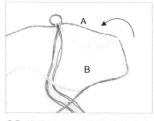

09 接步骤 08，将 B 线从上方穿出。

10 接步骤 09，将 B 线拉紧。

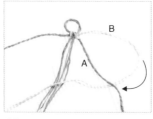

11 接步骤 10，将 B 线向左穿过 A 线下方。

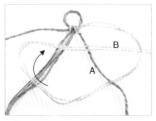

12 接步骤 11，将 B 线放在 A 线上，并从 B 线下方穿出。

13 接步骤 12，将 B 线拉紧。

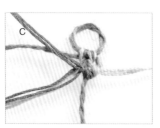

14 重复步骤 07~13，完成 C 线线结。

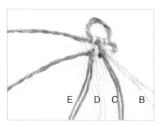

15 重复步骤 07~13，向左完成 D、E 线线结。

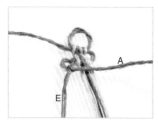

16 重复步骤 07~13，再做一次 E 线线结。（注：A 线留一段形成半圆形空间。）

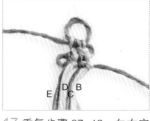

17 重复步骤 07~13，向右完成 D、C、B 线线结。

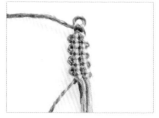

18 重复步骤 07~17，完成手链线结。

19 如图，手链主体完成。

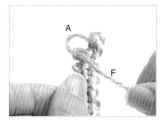

20 将 F 线穿入 A 线半圆形线环中。

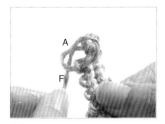

21 将 F 线于 A 线半圆形线环中做一个单结。（注：单结请参考 p.8。）

22 用剪刀将多余线段剪去。

23 如图，F 线结尾完成。

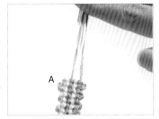

24 重复步骤 20~23，取 A 线于手链尾端做单结。

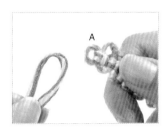

25 取粉色、白色线各两条。

26 接步骤 25，将四条线于 A 线线圈上做一个套结。

27 将四条线分成两组，每一组白色、粉色线各一条。

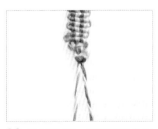

28 接步骤 27，将两组线做双股扭。（注：双股扭请参考 p.12。）

29 接步骤 28，将两组线于尾端做一个单结，即完成手链前端结尾。

30 重复步骤 27~29，完成手链尾端结尾。

31 将手链两端如图交叉叠放。

32 取一条粉色线于手链两端交叉叠放处做五个平结。
（注：平结请参考 p.19。）

33 将右侧线在左侧线上做一个单结。

34 用剪刀将多余线段剪去。

35 手链结尾完成。

36 取一条粉色线与一颗粉色珠子。

37 如图，将粉色线穿过粉色珠子。

38 将粉色线穿过米色线线圈，再往回穿过粉色珠子。

39 在两条粉色线端头做一个单结。

40 用剪刀将多余线段剪去。

41 重复步骤 36~40，均匀地穿入五颗粉色珠子即可完成。

Fin 手链完成。

宝石包结
手链

Tips

·四条线交互做线结形成网状，线结越多，形成的网也越大。

■ 步 骤

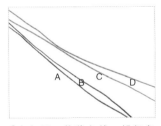

01 如图，将紫色线、桃红色线各两条并列平放。

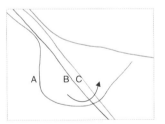

02 将 A 线向右放在 B、C 线上。

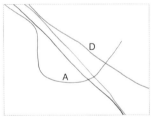

03 将 D 线放在 A 线上。

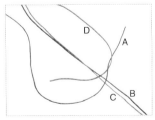

04 将 D 线穿过 B、C 线下方。

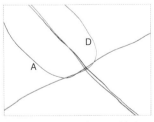

05 将 D 线往上穿出，放在 A 线上。

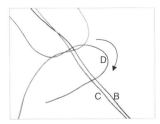

06 将 D 线绕个线圈向左放在 B、C 线上。

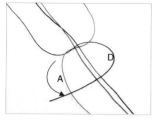

07 将A线放在D线上。

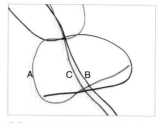

08 将A线穿过B、C线下方。

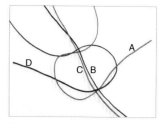

09 将A线往上穿出，放在D线上。

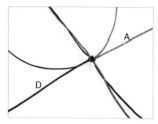

10 抓住A、D线并拉紧，一个线结完成。

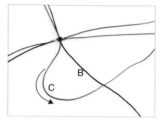

11 将C线向右放在B线上。

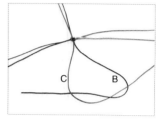

12 将B线由上往下穿过C线。

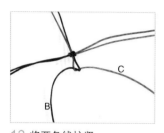

13 将两条线拉紧。

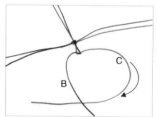

14 将C线向左放在B线上。

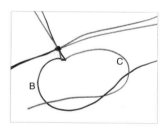

15 将B线由上往下穿过C线。

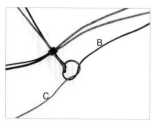

16 将两条线拉紧。

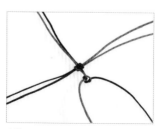

17 如图，一个线结完成。

18 重复步骤11~17，于其他六条线上做三个线结。

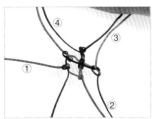

19 重复步骤11~17，完成其他三个线结。

20 如图，四个线结完成，形成网形。

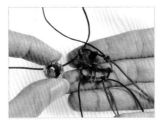

21 取一颗大的圆珠子。

22 将珠子放于网中。

23 将八条线收拢成一束。

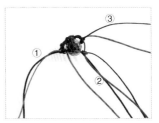

24 如图，将八条线分成三组：①紫色、桃红色各一条，②为紫色、桃红色各两条，③紫色、桃红色各一条。

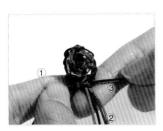

25 重复步骤02~10，取①、③组在②组线上做一个线结。

26 将八条线分为左侧线和右侧线。每一侧为紫色线、桃红色线各两条。

27 将右侧线做四组结。（注：四组结请参考p.72。）

28 将左侧线做四组结。

29 手链主体完成。

30 将手链两端做单结。（注：单结请参考p.8。）

31 如图，前端单结完成。

32 取手链两端。

33 将手链前端做一个单结于手链尾端。

34 如图，尾端单结完成。

35 将手链尾端做一个单结于手链前端。

Fin 如图，手链完成。

宝石框架结
手链

Tips

·比较适合包覆圆形、蛋形的物体。

·步骤

01 将两条紫红色线并列排放。

02 左手捏住紫红色线线头，右手按住线的三分之一处。

03 如图，将紫红色线前段向下折。

04 如图，将紫红色线分为长线和短线。

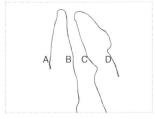

05 重复步骤 02~04，将另一条紫红色线分为长线和短线。

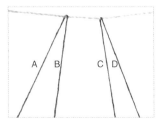

06 将一条米色线穿过两条紫红色线的弯折处。

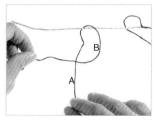

07 将 B 线放在 A 线上。

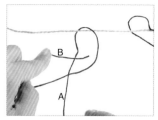

08 将 B 线穿过 A 线下方。

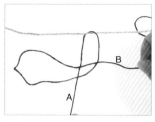

09 再将 B 线向上穿出。

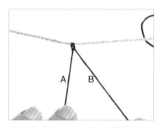

10 接步骤 09，将 B 线拉紧。

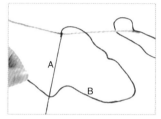

11 将 B 线穿过 A 线下方。

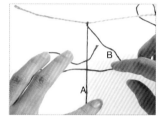

12 将 B 线放在 A 线上。

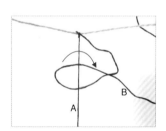

13 从 B 线下方穿出。

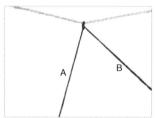

14 接步骤 13，将 B 线拉紧，
完成一个线结。

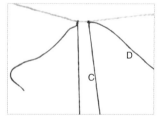

15 重复步骤 07~14，将 C 线
于 D 线上做一个线结。

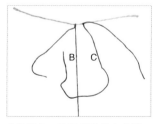

16 将 B、C 两条线做左右结。
（注：左右结请参考 p.44。）

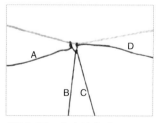

17 如图，左右结完成。

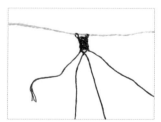

18 重复步骤 07~17，编至适
当长度。

19 如图,线结完成。

20 将米色线取下,并保留前端线圈。

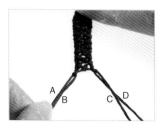

21 如图,将线分为 AB、CD两组。

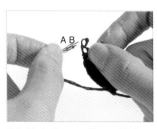

22 接步骤 21,将 AB 线穿入前端左方线圈中。

23 接步骤 22,形成一个圆环。

24 接步骤 23,将珠子放入圆环中。

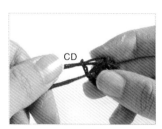

25 接步骤 24,将 CD 线穿入前端右方线圈中。

26 接步骤 25,将 AB、CD 两组线拉紧。

27 接步骤 26,将 A、B 线和 C、D 线做一个单结。(注:单结请参考 p.8。)

28 用剪刀将多余线段剪去,并将线头藏入线圈中。

29 如图,为做好的线圈。

30 取紫红色线、蓝色线各一条。

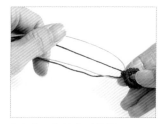

31 将两条线穿过线圈。

32 重复步骤30、31，穿入另外蓝色、紫红色两条线于另一端。

33 分别将上、下两端的蓝色线、紫红色线做左右结。

34 如图，左右结完成。

35 将手链两端并列交叠。

36 取一条紫红色线做平结。（注：平结请参考 p.8。）

37 如图，做五个平结。

38 将右侧紫红色线于左侧紫红色线上做一个单结。

39 用剪刀将多余线段剪去。

40 如图，平结完成。

41 如图将手链一端的一条蓝色线、一条紫红色线为一组做一结。两端共做四个单结。

Fin 如图，手链完成。

七宝斜卷结
手链

Tips

· 此手链将两条轴线交叉做线结，编出美丽花样。

· 步骤

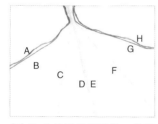

01 取八条线并列平放，前端用胶带固定。

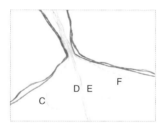

02 将 C、F 线于 D、E 线上做一个平结。（注：平结请参考 p.19。）

03 如图，平结完成。

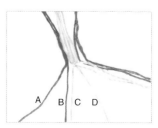

04 将 A、D 线于 B、C 线上做一个平结。

05 如图，平结完成。

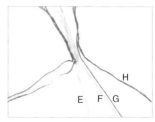

06 将 E、H 线于 F、G 线上做一个平结。

07 如图，平结完成。

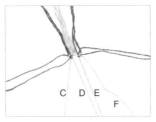

08 将 C、F 线于 D、E 线上做一个平结。

09 如图，平结完成。

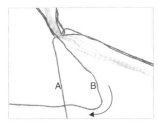

10 以 A 线为轴线，将 B 线向左穿过 A 线下方。

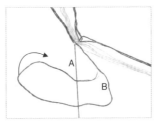

11 将 B 线向右放在 A 线上。

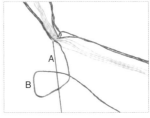

12 接步骤 11，从 B 线下方穿出。

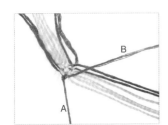

13 接步骤 12，将 B 线拉紧。

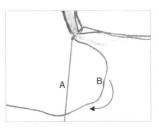

14 将 B 线向左放在 A 线上。

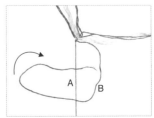

15 将 B 线向右从 A 线下方穿出。

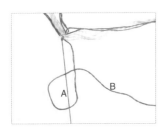

16 接步骤 15，从 B 线上方穿出。

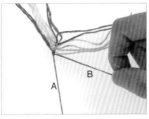

17 接步骤 16，将 B 线拉紧。一个卷结完成。

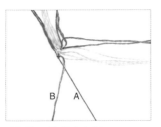

18 将 B 线放在左侧。

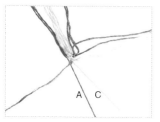

19 将C线于A线上做一个卷
结。

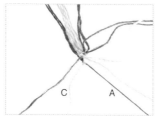

20 如图，C线线结完成。

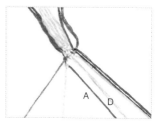

21 将D线于A线上做一个卷
结。

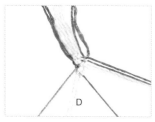

22 如图，D线线结完成。

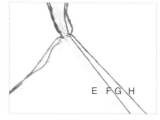

23 重复步骤10~22，取H线
为轴线，完成用E、F、G
线做的卷结。

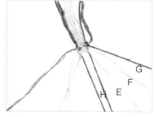

24 如图，G、F、E线的卷结
完成。

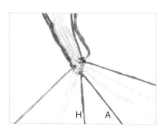

25 将H线于A线上做一个卷
结。

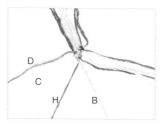

26 重复步骤10~22，取H线
为轴线，完成用B、C、D
线做的卷结。

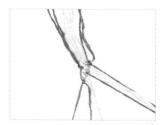

27 如图，卷结完成。

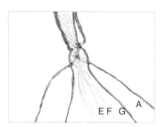

28 重复步骤10~22，取A线
为轴线，完成用G、F、E
线做的卷结。

29 重复步骤02~09，完成四
个平结。

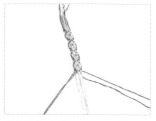

30 重复步骤10~29，编至适
当长度。

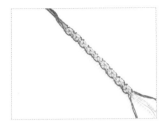

31 如图，手链主体完成。

32 将八条线分为左侧线和右侧线，每一侧蓝色、白色线各两条。

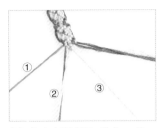

33 将左侧线再细分为三组：①蓝色，②蓝色、白色，③白色。

34 将三组线做三股编。（注：三股编请参考 p.28。）

35 将三股编线做一个单结。（注：单结请参考 p.8。）

36 重复步骤 33~35，将右侧线完成三股编与单结，手链尾端结尾完成。

37 重复步骤 33~36，完成手链前端结尾。

38 将手链两端并列交叠。

39 取一条蓝色线做五个平结。（注：平结请参考 p.19。）

40 如图，五个平结完成。

41 取右侧蓝色线于左侧蓝色线上做一个单结。

Fin 用剪刀将多余线段剪去即完成。

格子手链

Tips

· 黄色线为纵向卷结，绿色线为横向卷结。

· 步骤

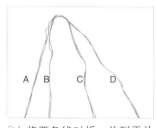

01 将两条线对折，并列平放成四条线。

02 取一条绿色线。

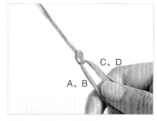

03 将绿色线于A、B、C、D线段中央做一个套结。（注：套结请参考p.11。）

04 如图，套结完成。

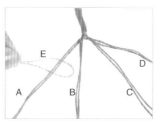

05 另取一条E线，将E线穿过A线下方。

06 将E线于A线上做一个套结。

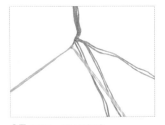

07 如图，套结完成。

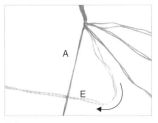

08 将E线向左穿过A线下方。

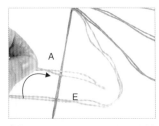

09 接步骤08，将E线向右放在A线上。

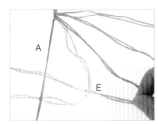

10 接步骤09，从E线下方穿出。

11 接步骤10，将E线拉紧。

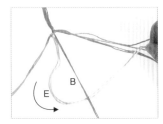

12 将E线向右穿过B线下方。

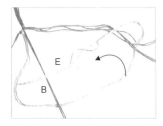

13 接步骤12，将E线向左放在B线上。

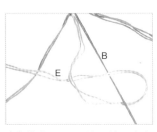

14 接步骤13，从E线下方穿出。

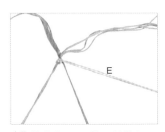

15 接步骤14，将E线拉紧。

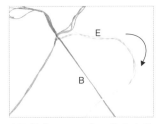

16 接步骤15，将E线向左放在B线上。

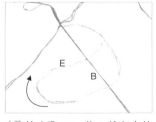

17 接步骤16，将E线向右从B线下方穿过。

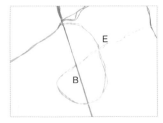

18 接步骤17，将E线从上方穿出。

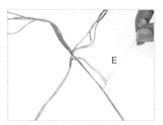

19 接步骤 18，将 E 线拉紧，完成一个卷结。

20 如图，一个卷结完成。

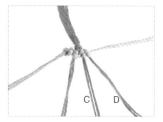

21 重复步骤 12~19，用 E 线完成 C、D 线上的卷结。

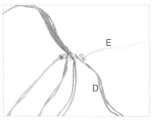

22 将 E 线于 D 线上做一个卷结。

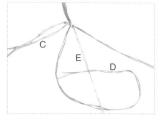

23 接步骤 22，将 C、D 线分别于 E 线上做卷结。

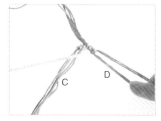

24 接步骤 23，D 线线结完成。

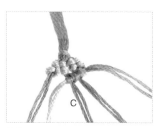

25 接步骤 24，C 线线结完成。

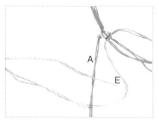

26 接步骤 25，将 E 线于 A 线上做一个卷结。

27 如图，E 线线结完成。

28 重复步骤 22~26 两次，做两排卷结。

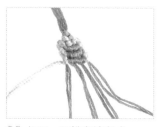

29 如图，两排卷结完成。

30 重复步骤 12~19，向右做四个卷结。

31 重复步骤 12~30，编至适
   当长度。

32 手链主体完成。

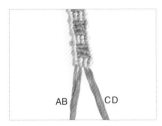

33 将 A、B、C、D 四条线分
   成 AB 线、CD 线两组。

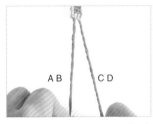

34 将 A、B 线和 C、D 线分
   别做双股扭。（注：双股
   扭请参考 p.12。）

35 将 A、B 线和 C、D 线再
   做双股扭。

36 将双股扭线的尾端做一个
   单结。（注：单结请参考
   p.8。）

37 重复步骤 33~36，将前端
   的线做双股扭及单结。

38 取手链两端并列交叠。

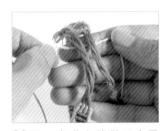

39 取一条黄色线做五个平
   结。（注：平结请参考
   p.19。）

40 五个平结完成。

41 取右侧黄色线于左侧黄色
   线上做一个单结，用剪刀
   将多余线段剪去。

Fin 手链完成。

鱼形手链

Tips

· 黄色线、深蓝色线最长，蓝色线次之，浅蓝色线最短。

· 步骤

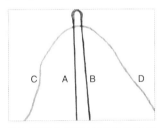

01 将蓝色线穿过深蓝色线下方。

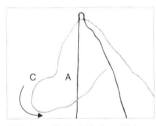

02 将 C 线向右放在 A 线上。

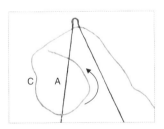

03 接步骤 02，将 C 线向左穿过 A 线下方。

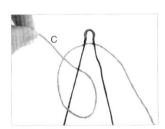

04 接步骤 03，从 C 线上方穿出。

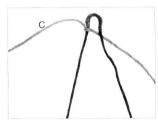

05 接步骤 04，将 C 线拉紧。

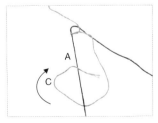

06 接步骤 05，将 C 线向左穿过 A 线下方后，再向右放在 A 线上。

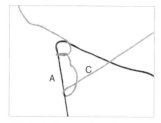

07 接步骤 06，从 C 线下方穿出。

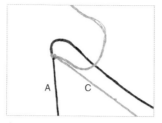

08 接步骤 07，将 C 线拉紧，完成一个里卷结。

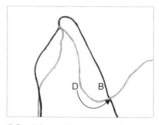

09 重复步骤 02~08，将 D 线于 B 线上做一个里卷结。

10 如图，里卷结完成。

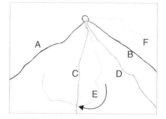

11 另取一条线如图放置，成为 E、F 线。重复步骤 02~08，取 E 线于 C 线上做里卷结。

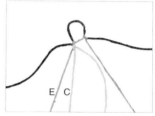

12 如图，里卷结完成。

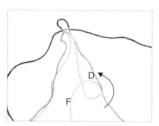

13 重复步骤 02~09，取 F 线于 D 线上做一个里卷结。

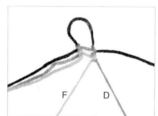

14 如图，里卷结完成。

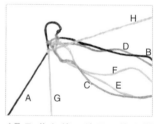

15 取黄色线，并于 A 线上做一个里卷结。

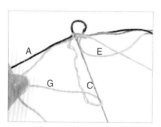

16 将黄色线依序于其余五条线上做里卷结。

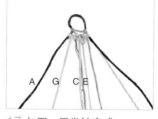

17 如图，里卷结完成。

18 将 A 线依序于 G、C、E 线上各做一个里卷结。

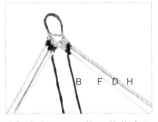

19 接步骤18，将B线依序于H、D、F线上各做一个里卷结。

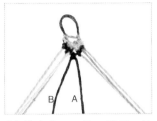

20 接步骤19，取B线于A线上做一个里卷结。

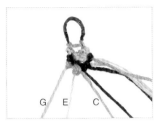

21 取C线于G、E线上各做一个里卷结。

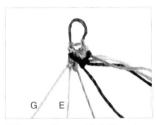

22 取E线于G线上做一个里卷结。

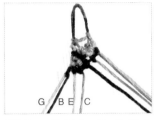

23 取B线于C、E、G线上各做一个里卷结。

24 接步骤21~23，完成D、F、A、H线的线结。

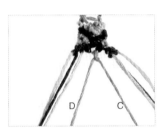

25 接步骤24，取D线于C线上做一个里卷结。

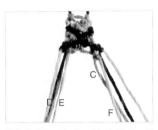

26 如图，取C、D线于E、F线上各做一个里卷结。

27 取F线于E线上做一个里卷结。

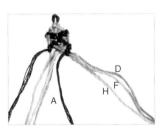

28 接步骤27，取A线于D、F、H线上各做一个里卷结。

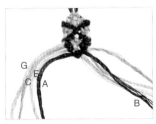

29 将B线于G、C、E、A线上各做一个里卷结。

30 重复步骤18~29，编至适当长度。

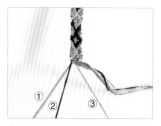

31 取蓝色线、深蓝色线、浅蓝色线、黄色线各一条，并将四条线分成三组：①蓝色、浅蓝色，②深蓝色，③黄色。

32 将三组线做三股编。（注：三股编请参考 p.28。）

33 接步骤 32，将三股编尾端做一个单结，以固定三股编。（注：单结请参考 p.8。）

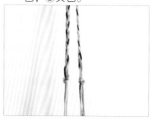

34 重复步骤 31~33，将另外四条线做三股编与单结。

35 取深蓝色、蓝色、浅蓝色、黄色四条线。

36 将四条线穿过前端的深蓝色线线圈，对折。

37 重复步骤 31~34，将四条线做两个三股编与单结。

38 用剪刀将前后两端多余线段剪去。

39 取手链前后两端并列交叠。

40 取一条蓝色线做五个平结。（注：平结请参考 p.19。）

41 如图，将右侧蓝色线于左侧蓝色线上做一个单结，用剪刀将多余线段剪去。

Fin 如图，手链完成。

常见问题 Q&A

在编手链的过程中，有时会遇到意想不到的问题。
没关系，我们帮你解答！
Q=Question　A=Answer

Q1：好多条线不知道该如何整理，怎么办?

A：可以先裁一块5cm×10cm的厚纸板，将上、下短边各裁掉一块3cm×1cm的长方形，使纸板变成H形。再将长边剪出一条小缝，即可完成。
将线依颜色缠绕在不同的纸板上，最后将线尾塞在小缝中，即完成自己的各色线卡。

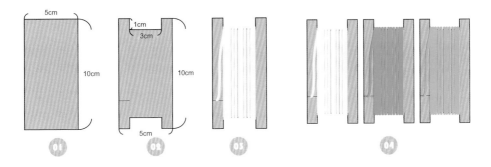

Q2：一不小心把线取得太长，不方便编织，怎么办?

A：如果是两边对称的花样，可以先从线的中段开始编，之后再朝反方向编另一半。这样可以减少因线太长造成的不便。

Q3：编线变得不服帖、毛糙，该怎么办?

A：可以先用水将编线稍微润湿后，再进行编织；或蘸取少许白胶涂在编线上，但涂上白胶的编线会变得较纤细、也较硬。

Q4：手上的编线太多，无法一次穿进珠子内，该怎么办?

A：可以取少许白胶将线头黏合在一起，再穿珠子。同理，如果编线太软穿不进珠子内，也可以用白胶处理。

Q5：不小心把线圈做太小了，线穿不进去，怎么办？

A：可以利用发夹或针将线从线圈中穿引而出，或用镊子将线夹出。

Q6：编线不小心用完了或者拉断了，该怎么办？

A：可以使用基础技巧中的"串珠接线"方法（请参考 p.13）；也可以将两条线做单结以延长编线；或使用白胶进行黏合。白胶黏合适合用于绣线或麻绳，但完成后线相接的地方会因白胶而变硬，会有不易编的问题。

Q7：编线的长度该怎么取呢？

A：复杂的花样或有线结的手链，通常需要较长的编线，如轮结手链（请参考 p.41）、圆圈手链（请参考 p.50）、追半卷结手链（请参考 p.86）、纵卷结手链（请参考 p.94）、七宝斜卷结手链（请参考 p.113）等皆需要较长的线段，100 厘米左右最适合。

Q8：明明使用了相同材料、相同的编法，为什么编好后看起来不一样？

A：编线前要注意线颜色的顺序，排列顺序不同会有不一样的花样，这也是编织手链的迷人之处。

Q9：什么地方可以购买工具与材料呢？

A：本书里介绍的工具和材料大部分在文具店可以买到，线材、吊饰则可以在手工艺品店购买，网上商店也是一种不错的选择。

Q10：我可以使用和做法里不同的线做手链吗？

A：当然可以，不同的粗细或材质会表现出不同的感觉。但如果线的差别太大，可能无法呈现出原本作品的花样。如粉矿石手链（请参考 p.101）及鱼形手链（请参考 p.121），若使用如麂皮绳类的宽线，就无法展现原本手链的效果。如锁结手链（请参考 p.54）

的麂皮线换成细软的绣线，层叠的效果就不十分明显。

Q11：手链总是不平整，歪歪扭扭的，怎么办？

A：可以将手链用布覆盖，使用熨斗烫平。需注意编线或吊饰是否为涤纶、锦纶或其他不耐高温的材质。若手链无法使用熨斗烫平，也可以用水将手链稍微浸润后，再用书本或较平稳的重物压平。

Q12：手链可以碰水或戴着洗澡吗？

A：因每种线耐水度不一样，所以要视材质而定。材质介绍如下。塑胶材质如中国结线、玉线耐水性高；麻绳遇水后会涨大变硬，潮湿时有可能会发霉；麂皮绳或皮制类编线遇水容易龟裂或褪色；蚕丝蜡线因外层裹蜡，不怕碰水；绣线材质为棉，耐水度略优于麻绳与麂皮绳。

Q13：手链可以佩戴多久？

A：手链的线材一般是消耗品，依据佩戴次数和使用方法而定。只要好好保养，一般可以佩戴两年左右。

Q14：手链该如何保养？

A：如果手链有脏污，可以用中性洗洁剂清洗。市售肥皂通常为碱性，因此尽量避免使用肥皂清洗手链。

Q15：金属饰品氧化了怎么办？

A：金属饰品容易有氧化或磨损的问题。银制品可以使用拭银布擦拭，黄铜类则可用布蘸柠檬汁擦拭氧化部分，或使用金属专用的除锈剂。

Q16：为什么手链褪色了？

A：手链容易因为高温、潮湿或遇酸、碱而褪色，因此要避免暴晒在阳光下和长时间泡水，因为即使是耐水的材质也不宜浸泡在水中过久（如泡温泉或游泳）。手链也不建议长期接触酸性或碱性的物品，汗水、化妆品也会导致手链褪色。

备案号：豫著许可备字-2017-A-0037

图书在版编目（CIP）数据

全图解幸运绳编手链/卢莎希亚著；—郑州：河南科学技术出版社，2017.10
ISBN 978-7-5349-8895-0

Ⅰ.①全… Ⅱ.①卢… Ⅲ.①绳结-手工艺品-制作 Ⅳ.①TS935.5

中国版本图书馆CIP数据核字（2017）第193513号

出版发行：河南科学技术出版社
　　　　　地址：郑州市经五路66号　　邮编：450002
　　　　　电话：（0371）65737028　65788613
　　　　　网址：www.hnstp.cn
策划编辑：梁莹莹
责任编辑：梁莹莹
责任校对：王晓红
封面设计：张　伟
责任印制：张艳芳
印　　刷：河南安泰彩印有限公司
经　　销：全国新华书店
幅面尺寸：170 mm×230 mm　　印张：8　　字数：180千字
版　　次：2017年10月第1版　　2017年10月第1次印刷
定　　价：49.00元